Linux 系统管理与服务

主　编◎夏美艺

副主编◎孟建良　张爱萍　谢瑞利

清华大学出版社

北　京

内 容 简 介

本书是高等职业学校电子信息类专业新型活页教材。

本书以培养学生掌握 Linux 系统管理与网络服务的工作过程为核心，将伦理道德及职业素养融入书中，基于 CentOS Linux7 系统编写，内容也可用于 RHEL、Fedora 等系统，按照企业的网络运维流程组织课程内容，使学生掌握 Linux 操作系统的系统管理和网络服务配置实践知识，同时通过实验，着重培养学生的动手能力。

全书共包含 10 个学习情境。其中，Linux 系统管理共 4 个学习情境，让学生掌握 Linux 系统的安装及管理的应用。Linux 系统网络服务共 6 个学习情境，让学生掌握 Linux 系统网络运维的基本方法。

本书可作为高等职业学校电子信息类专业的教学用书，也可供从事计算机网络工程设计、网络管理和维护等相关从业人员使用，同时还可作为 Linux 系统管理与网络服务爱好者的自学读本或网络技术培训参考用书。

本书封面贴有清华大学出版社防伪标签，无标签者不得销售。
版权所有，侵权必究。举报：010-62782989，beiqinquan@tup.tsinghua.edu.cn。

图书在版编目（CIP）数据

Linux 系统管理与服务 / 夏美艺主编. —北京：清华大学出版社，2024.1
ISBN 978-7-302-65124-6

Ⅰ．①L…　Ⅱ．①夏…　Ⅲ．①Linux 操作系统　Ⅳ.①TP316.85

中国国家版本馆 CIP 数据核字（2023）第 246072 号

责任编辑： 杜春杰
封面设计： 刘　超
版式设计： 文森时代
责任校对： 马军令
责任印制： 丛怀宇

出版发行： 清华大学出版社
　　　　　网　　　址：https://www.tup.com.cn，https://www.wqxuetang.com
　　　　　地　　　址：北京清华大学学研大厦 A 座　　　　邮　　编：100084
　　　　　社 总 机：010-83470000　　　　　　　　　　　邮　　购：010-62786544
　　　　　投稿与读者服务：010-62776969，c-service@tup.tsinghua.edu.cn
　　　　　质量反馈：010-62772015，zhiliang@tup.tsinghua.edu.cn
印 装 者： 三河市铭诚印务有限公司
经　　销： 全国新华书店
开　　本： 185mm×260mm　　　**印　张：** 15.5　　　**字　数：** 310 千字
版　　次： 2024 年 1 月第 1 版　　　　　　　　　　**印　次：** 2024 年 1 月第 1 次印刷
定　　价： 69.00 元

产品编号：100837-01

总　　序

自 2019 年《国家职业教育改革实施方案》颁行以来，"双高建设"和"提质培优"成为我国职业教育高质量建设的重要抓手。必须明确的是，"职业教育与普通教育是两种不同教育类型，具有同等重要地位"，这不仅是政策要求，也在《中华人民共和国职业教育法》中提及，即"职业教育是与普通教育具有同等重要地位的教育类型"。二者最大的不同在于，职业教育是专业教育，普通教育是学科教育。专业，就是职业在教育领域的模拟、仿真、镜像、映射或者投射，就是让学生"依葫芦画瓢"地学会职业岗位上应该完成的工作；学科，就是职业领域的规律和原理的总结、归纳和升华，就是让学生学会事情背后的底层逻辑、哲学思想和方法论。因此，前者重在操作和实践，后者重在归纳和演绎。但是，必须明确的是，无论任何时候，职业总是规约专业和学科的发展方向，而专业和学科则以相辅相成的关系表征着职业发展的需求。可见，职业教育的高质量建设，其命脉就在于专业建设，而专业建设的关键内容就是调研企业、制订人才培养方案、开发课程和教材、教学实施、教学评价以及配置相应的资源和条件，这其实就是教育领域的人才培养链条。

在职业教育人才培养的链条中，调研企业就相当于"第一粒纽扣"，如果调研企业不深入，则会导致后续的各个专业建设环节出现严峻的问题，最终导致人才培养的结构性矛盾；人才培养方案就是职业教育人才培养的"宪法"和"菜谱"，它规定了专业建设其他各个环节的全部内容；课程和教材就好比人才培养过程中所需要的"食材"，是教师通过教学实施"饲喂"给学生的"精神食粮"；教学实施，就是教师根据学生的"消化能力"，从而对"食材"进行特殊的加工（即备课），形成学生爱吃的美味佳肴（即教案），并使用某些必要的"餐具"（即教学设备和设施，包括实习实训资源），"饲喂"给学生，并让学生学会自己利用"餐具"来享受这些美味佳肴；教学评价，就是教师测量或者估量学生自己利用"餐具"品尝这些美味佳肴的熟练程度，以及"食用"这些"精神食粮"之后的成长增量或者成长状况；资源和条件，就是教师"饲喂"和学生"食用"过程中所需要借助的"工具"或者保障手段等。在此需要注意的是，课程和教材实际上就是"一个硬币的两面"，前者重在实质性的内容，后者重在形式上的载体；随着数字技术的广泛应用，电子教材、数字教材和融媒体教材等出现后，课程和教材的界限正在逐渐消融。在大多数情况下，只要不是专门进行理论研究的人员，就不要过分纠缠课程和教材之间的细微差别，而是要抓住其精髓，重在教会学生做事的能力。显而易见，课程之于教师，就是米面之于巧妇；课程之于学生，就是饭菜之于饥客。因此，职业教育专业建设的关键在于调研企业，但是重心在于课程和教材建设。

然而，在所谓的"教育焦虑"和"教育内卷"面前，职业教育整体向学科教育漂移的氛围已经酝酿成熟，摆在职业教育高质量发展面前的问题是，究竟仍然朝着高质量的"学科式"职业教育趋鹜，还是秉持高质量的"专业式"职业教育迈进。究其根源，"教育焦虑"和"教

Linux 系统管理与服务

育内卷"仅仅是经济发展过程中的症候,其解决的锁钥在于经济改革,而不在于教育改革。但是,就教育而言,则必须首先能够适应经济的发展趋势,方能做到"有为才有位"。因此,"学科式"职业教育的各种改革行动,必然会进入"死胡同",而真正的高质量职业教育的出路依然是坚持"专业式"职业教育的道路。可事与愿违的是,目前的职业教育的课程和教材,包括现在流通的活页教材,仍然是学科逻辑的天下,难以彰显职业教育的类型特征。为了扭转这种局面,工作过程系统化课程的核心研究团队协同青海交通职业技术学院、鄂尔多斯理工学校、深圳宝安职业技术学校、中山市第一职业技术学校、重庆工商职业学院、包头机械工业职业学校、吉林铁道职业技术学院、内蒙古环成职业技术学校、重庆航天职业技术学院、重庆建筑工程职业学院、赤峰应用职业技术学院、赤峰第一职业中等专业学校、广西幼儿师范高等专科学校等,按照工作过程系统化课程开发范式,借鉴德国学习场课程,按照专业建设的各个环节循序推进教育改革,并从企业调研入手,开发了系列专业核心课程,撰写了基于"资讯—计划—决策—实施—检查—评价"(以下简称 IPDICE)行动导向教学法的工单式活页教材,并在部分学校进行了教学实施和教学评价,特别是与"学科逻辑教材+讲授法"进行了对比教学实验。

经过上述教学实践,明确了该系列活页教材的优点。第一,内容来源于企业生产,能够将新技术、新工艺和新知识纳入教材当中,为学生高契合度就业提供了必要的基础。第二,体例结构有重要突破,打破了以往的学科逻辑教材的"章—单元—节"这样的体例,创立了由"学习情境—学习性工作任务—典型工作环节—IPDICE 活页表单"构成的行动逻辑教材的新体例。第三,实现一体融合,促进课程(教材)和教学(教案)模式融为一体,结合"1+X"证书制度的优点,兼顾职业教育教学标准"知识、技能、素质(素养)"三维要素以及思政元素的新要求,通过"动宾结构+时序原则"以及动宾结构的"行动方向、目标值、保障措施"三个元素来表述每个典型工作环节的具体职业标准的方式,达成了"理实一体、工学一体、育训一体、知行合一、课证融通"的目标。第四,通过模块化教学促进学生的学习迁移,即教材按照由易到难的原则编排学习情境以及学习性工作任务,实现促进学生学习迁移的目的,按照典型工作环节及配套的 IPDICE 活页表单组织具体的教学内容,实现模块化教学的目的。正因为如此,该系列活页教材也能够实现"育训一体",这是因为培训针对的是特定岗位和特定的工作任务,解决的是自迁移的问题,也就是"教什么就学会什么"即可;教育针对的则是不确定的岗位或者不确定的工作任务,解决的是远迁移的问题,即通过教会学生某些事情,希望学生能掌握其中的方法和策略,以便未来能够自己解决任何从未遇到过的问题。在这其中,IPDICE 实际上就是完成每个典型工作环节的方法和策略。第五,能够改变学生不良的行为习惯并提高学生的自信心,即每个典型工作环节均需要通过 IPDICE 六个维度完成,且每个典型工作环节完成之后均需要以"E(评价)"结束,因而不仅能够改变学生不良的行为习惯,还能够提高学生的自信心。除此之外,该系列活页教材还有很多其他优点,请各院校的师生在教学实践中来发现,在此不再一一赘述。

当然,从理论上来说,活页教材固然具有能够随时引入新技术、新工艺和新知识等很多优点,但是也有很多值得思考的地方。第一,环保性问题,即实际上一套完整的活页教材既需要教师用书和教师辅助手册,还需要学生用书和学生练习手册等,且每次授课会产生大量的学生课堂作业的活页表单,非常浪费纸张和印刷耗材;第二,便携性问题,即当前活页教

总　序

材是以活页形式装订在一起的，如果整本书带入课堂则非常厚重，如果按照学习性工作任务拆开带入课堂则容易遗失；第三，教学评价数据处理的工作量较大，即按照每个学习性工作任务 5 个典型工作环节，每个典型工作环节有 IPDICE 6 个活页表单，每个活页表单需要至少 5 个采分点，每个班按照 50 名学生计算，则每次授课结束后，就需要教师评价 7 500 个采分点，可想而知这个工作量非常巨大；第四，内容频繁更迭的内在需求和教材出版周期较长的悖论，即活页教材本来是为了满足职业教育与企业紧密合作，并及时根据产业技术升级更新教材内容，但是教材出版需要比较漫长的时间，这其实与活页教材开发的本意相互矛盾。为此，工作过程系统化课程开发范式核心研究团队根据职业院校"双高计划"和"提质培优"的要求，以及教育部关于专业的数字化升级、学校信息化和数字化的要求，研制了基于工作过程系统化课程开发范式的教育业务规范管理系统，能够满足专业建设的各个重要环节，不仅能够很好地解决上述问题，还能够促进师生实现线上和线下相结合的行动逻辑的混合学习，改变了以往学科逻辑混合学习的教育信息化模式。同理，该系列活页教材的弊端也还有很多，同样请各院校的师生在教学实践中来发现，在此不再一一赘述。

特别需要提醒的是，如果教师感觉 IPDICE 表单不适合自己的教学风格，那就按照项目教学法的方式，只讲授每个学习情境下的各个学习性工作任务的任务单即可。大家认真尝试过 IPDICE 教学法之后就会发现，IPDICE 是非常有价值的教学方法，因为这种教学方法不仅能够改变学生不良的行为习惯，还能够提高学生的自信心，因而能够提升学生学习的积极性，并减轻教师的工作压力。

大家常说："天下职教一家人。"因此，在使用该系列教材的过程中，如果遇到任何问题，或者有更好的改进思想，敬请来信告知，我们会及时进行认真回复，我们的电子邮箱是：icloudcum@vip.126.com。

姜大源　闫智勇　吴全全
2023 年 9 月于天津

前　言

本书由青海交通职业技术学院组织骨干教师，按照"基于工作过程系统化"的有关方法，与企业合作共同编写而成，是电子信息类专业课程改革成果教材，可作为电子信息类专业的教学用书，也可作为网络工程设计和网络运维等职业培训的参考资料。

本书是以培养学生综合职业能力为目标，以典型工作任务为载体，以学生为中心，以职业能力清单为基础，根据典型工作任务和工作过程设计的一系列的学习情境的综合体。本书以实际工作过程构建教材内容，基于工作过程导向，是一本任务驱动式的工学结合教材。本书以 10 个学习情境为载体，以企业需求为导向，注重学生动手能力的培养，让学生从资讯、计划、决策、实施、检查、评价 6 个维度进行学习，养成科学学习的习惯。

本书具有以下特点：

1. 教学内容与职业标准深度融合，实现与企业需求无缝对接。将理论知识与实际操作融为一体，通过 6 个维度的梯次将 Linux 系统管理与网络服务等内容细化到 10 个学习情境中，情境由简单到复杂，使学生容易上手，实现知识的迁移。

2. 本书按照职业教育学历证书与职业资格证书相互贯通的双证人才培养要求，覆盖了全国计算机信息高新技术考试中级网络管理员的考试内容。

3. 本书将 Linux 系统管理与网络服务的典型工作过程化，学习载体吸引力强。随着信息产业的发展、信息化和工业化的深度融合，Linux 操作系统的使用越来越广泛，本书根据学生的兴趣优选载体，将企业的工作过程融入书中，让学生在学习的过程中掌握相应的工作能力。

本书建议采用理实一体化教学模式，各单元的参考学时在每个情境的学习任务单中有所体现。

本书在闫智勇博士的指导下完成。编写组成员由具有丰富企业实践经验的"双师型"教师组成，学习情境一到五由青海交通职业技术学院夏美艺和孟建良编写，学习情境六到十由青海交通职业技术学院张爱萍和谢瑞利编写，天津大学王茜雯参与书稿的审阅，最后由孟建良统一汇总。

由于时间仓促，编者水平有限，书中难免存在一些疏漏和不当之处，敬请广大读者批评指正。

2023 年 9 月

目　　录

学习情境一　部署 Linux 操作系统 ·· 1

客户需求单 ··· 1

学习性工作任务单 ··· 1

材料工具清单 ··· 2

任务一　下载 VMware 和 CentOS Linux7 ·· 3

任务二　安装 VMware 和 CentOS Linux7 ·· 9

任务三　启动 CentOS Linux7 环境 ·· 15

任务四　创建并使用 vi 编辑器 ··· 21

学习情境二　管理 Linux 用户与组 ··· 27

客户需求单 ·· 27

学习性工作任务单 ·· 27

材料工具清单 ··· 28

任务一　熟悉 Linux 用户和组 ·· 29

任务二　管理 Linux 用户 ·· 35

任务三　管理 Linux 组 ··· 42

学习情境三　Linux 文件系统和磁盘管理 ·· 49

客户需求单 ·· 49

学习性工作任务单 ·· 49

材料工具清单 ··· 50

任务一　磁盘分区 ·· 51

任务二　创建 RAID5 卷 ·· 57

任务三　文件系统管理 ·· 63

学习情境四　Linux 网络配置与管理 ·· 69

客户需求单 ·· 69

学习性工作任务单 ·· 69

材料工具清单 ··· 70

任务一　Linux 网络配置 ·· 71

任务二　Linux 网络管理 ··· 77

学习情境五　配置与管理 Samba 服务器 ··· 83

客户需求单 ··· 83

学习性工作任务单 ·· 83

材料工具清单 ·· 84

任务一　安装并启动 Samba 服务器 ·· 85

任务二　修改主配置文件 ··· 91

任务三　Samba 客户端访问服务测试 ·· 97

学习情境六　配置与管理 NFS 服务器 ·· 103

客户需求单 ·· 103

学习性工作任务单 ··· 103

材料工具清单 ·· 104

任务一　配置 NFS 服务器 ··· 105

任务二　配置 NFS 客户端 ··· 111

学习情境七　配置与管理 DHCP 服务器 ·· 117

客户需求单 ·· 117

学习性工作任务单 ··· 117

材料工具清单 ·· 118

任务一　掌握 DHCP 服务器的工作原理 ·· 119

任务二　配置 DHCP 服务器 ·· 126

任务三　配置与测试 DHCP 客户端 ··· 134

学习情境八　配置与管理 DNS 服务器 ··· 141

客户需求单 ·· 141

学习性工作任务单 ··· 141

材料工具清单 ·· 142

任务一　掌握 DNS 域名解析的工作原理 ··· 143

任务二　配置 DNS 服务器 ··· 151

任务三　配置与测试 DNS 客户端 ·· 161

学习情境九　配置与管理 Web 服务器 ··· 168

客户需求单 ·· 168

学习性工作任务单 ··· 169

材料工具清单 ·· 171

任务一　Web 服务器概述 ·· 172

　　任务二　安装与测试 Apache 服务器……………………………………………………… 179
　　任务三　配置虚拟目录……………………………………………………………………… 186
　　任务四　配置基于 IP 地址的虚拟主机…………………………………………………… 193
　　任务五　配置基于域名的虚拟主机………………………………………………………… 200
　　任务六　配置基于端口号的虚拟主机……………………………………………………… 207

学习情境十　配置与管理 vsftpd 服务器……………………………………………………… 214

　　客户需求单…………………………………………………………………………………… 214
　　学习性工作任务单…………………………………………………………………………… 214
　　材料工具清单………………………………………………………………………………… 215
　　任务一　文件传输协议……………………………………………………………………… 216
　　任务二　vsftpd 服务器程序………………………………………………………………… 222
　　任务三　简单文件传输协议………………………………………………………………… 228

参考文献………………………………………………………………………………………… 234

学习情境一　部署 Linux 操作系统

客户需求单

客户需求
通过 VMware 实现 CentOS Linux7 的安装，实现 Linux 操作系统的正常使用。使客户掌握 Linux 操作系统的安装方法，熟悉 Linux 操作系统的安装环境，了解 Linux 操作系统的基本性能。

学习性工作任务单

学习情境一	部署 Linux 操作系统	学　　时	3 学时
典型工作过程描述	1. 下载 VMware 和 CentOS Linux7—2. 安装 VMware 和 CentOS Linux7—3. 启动 CentOS Linux7 环境—4. 创建并使用 vi 编辑器		
学习目标	**1. 下载所需软件的学习目标。** （1）找到软件正确的下载地址。 （2）下载所需软件。 **2. 安装软件环境的学习目标。** （1）安装 VMware。 （2）安装 CentOS Linux7。 **3. 启动 Linux 操作系统的学习目标。** （1）启动 Linux 操作系统。 （2）登录 Linux 操作系统。 （3）退出 Linux 操作系统。 **4. 使用 Linux 操作系统简单命令的学习目标。** （1）基本命令。 （2）目录操作命令。 （3）文件操作命令。 **5. 使用 Linux 操作系统编辑器的学习目标。** （1）使用 vi 编辑器。 （2）使用 vim 编辑器。		
任务描述	**1. 下载 VMware 和 CentOS Linux7。** 了解 Linux 操作系统在行业中的重要地位和广泛的使用范围。 **2. 安装 VMware 和 CentOS Linux7。** 掌握 CentOS Linux7 操作系统的安装步骤，熟悉 Linux 操作系统基础环境。 **3. 启动 CentOS Linux 环境。** 掌握粘贴、复制、移动、启动、登录、切换等二十个基础命令。 **4. 创建并使用 vi 编辑器。** 掌握 vi 编辑器新建—打开—编辑—修改—保存—退出等操作。		

学时安排	资讯 0.2 学时	计划 0.2 学时	决策 0.2 学时	实施 2 学时	检查 0.2 学时	评价 0.2 学时

对学生的要求	**1. 下载 VMware 和 CentOS Linux7。** 　　第一，学生查看客户订单后，能看懂客户需求；第二，填写检验单时，要具有一丝不苟的精神，对技术要求等认真查看填写。 **2. 正确安装 VMware 和 CentOS Linux7。** 　　第一，安装 VMware；第二，安装 CentOS Linux7；第三，掌握 Linux 操作系统的基础命令。 **3. 创建并使用 vi 编辑器。** 　　能够在 Linux 操作系统上实现对 vi 编辑器的新建—打开—编辑—修改—保存—退出等操作。

参考资料	1. 程宁，吴丽萍，王兴宇. Linux 服务器搭建与管理[M]. 上海：上海交通大学出版社，2018。 2. Linux 服务器搭建与管理相关书籍，CSDN 论坛。

教学和学习 方式和流程	典型工作环节	教学和学习的方式					
	1. 下载 VMware 和 CentOS Linux7	资讯	计划	决策	实施	检查	评价
	2. 安装 VMware 和 CentOS Linux7	资讯	计划	决策	实施	检查	评价
	3. 启动 CentOS Linux7 环境	资讯	计划	决策	实施	检查	评价
	4. 创建并使用 vi 编辑器	资讯	计划	决策	实施	检查	评价

材料工具清单

学习情境一	部署 Linux 操作系统			学　时		3 学时	
典型工作过程 描述	1. 下载 VMware 和 CentOS Linux7—2. 安装 VMware 和 CentOS Linux7—3. 启动 Linux 环境—4. 创建并使用 vi 编辑器						
典型 工作过程	序　号	名　　称	作　用	数　量	型　号	使 用 量	使 用 者
1. 下载 VMware 和 CentOS Linux7	1	电脑	上课	1 台		1 台	学生
2. 安装 VMware 和 CentOS Linux7	2	电脑	上课	1 台		1 台	学生
3. 启动 CentOS Linux7 环境	3	电脑	上课	1 台		1 台	学生
4. 创建并使用 vi 编辑器	4	电脑	上课	1 台		1 台	学生
班　　级		第　　组			组长签字		
教师签字		日　　期					

任务一　下载 VMware 和 CentOS Linux7

1. 下载 VMware 和 CentOS Linux7 的资讯单

学习情境一	部署 Linux 操作系统	学　　时	3 学时
典型工作过程描述	**1. 下载 VMware 和 CentOS Linux7**—2. 安装 VMware 和 CentOS Linux7—3. 启动 CentOS Linux7 环境—4. 创建并使用 vi 编辑器			
收集资讯的方式	1. 查看《客户需求单》。 2. 查看教师提供的《学习性工作任务单》。 3. 查看 Linux 服务器搭建与管理相关书籍。			
资讯描述	1. 获得软件下载网址。 2. 区分 CentOS 操作系统各版本之间的区别。 3. 下载正确软件。			
对学生的要求	1. 学会查看客户订单需求。 2. 知道应该安装哪个版本的 Linux。 3. 会启动、停止、重启 Linux 操作系统等。			
参考资料	1. 程宁，吴丽萍，王兴宇. Linux 服务器搭建与管理[M]. 上海：上海交通大学出版社，2018。 2. Linux 服务器搭建与管理相关书籍，CSDN 论坛。			
资讯的评价	班　　级		第　　组	组长签字	
^	教师签字		日　　期		
^	评语：				

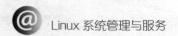

2. 下载 VMware 和 CentOS Linux7 的计划单

学习情境一	部署 Linux 操作系统	学 时	3 学时
典型工作过程描述	**1. 下载 VMware 和 CentOS Linux7**—2. 安装 VMware 和 CentOS Linux7—3. 启动 CentOS Linux7 环境—4. 创建并使用 vi 编辑器			
计划制订的方式	1. 查看《客户需求单》。 2. 查看《学习性工作任务单》。 3. 小组讨论。			

序 号	具体工作步骤	注 意 事 项
1	了解 VMware 及 Linux 各版本的区别。	
2	获取指定镜像下载网址。	选择下载 CentOS Linux7 版本 ISO 映像文件
3	将下载好的镜像文件保存到指定位置。	

	班 级		第 组		组长签字	
	教师签字		日 期			
计划的评价	评语:					

3. 下载 VMware 和 CentOS Linux7 的决策单

学习情境一	部署 Linux 操作系统	学 时	3 学时
典型工作过程描述	**1. 下载 VMware 和 CentOS Linux7**—2. 安装 VMware 和 CentOS Linux7—3. 启动 CentOS Linux7 环境—4. 创建并使用 vi 编辑器		
序 号	简单描述下列 CentOS Linux 各版本的特征及区别。	正确与否 （正确打√，错误打×）	
1	Redhat 系列：		
2	Debian 系列：		
3	Ubuntu 系列：		
4	CentOS 系列：		
决策的评价	班 级：		第 组	组长签字
	教师签字		日 期	
	评语：			

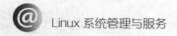

4. 下载 VMware 和 CentOS Linux7 的实施单

学习情境一	部署 Linux 操作系统		学　时	3 学时
典型工作过程描述	**1. 下载 VMware 和 CentOS Linux7**—2. 安装 VMware 和 CentOS Linux7—3. 启动 CentOS Linux7 环境—4. 创建并使用 vi 编辑器			
序　号	实施的具体步骤	注 意 事 项		学生自评
1	获取软件及镜像的下载网址。			
2	区分 Linux 系统各版本的特点。			
3	下载 VMware 和 CentOS Linux7。	下载正确的镜像版本。		

实施说明：

1. 查看客户需求单后，首先打开电脑中的 VMware Workstation Pro 工具。
2. 在下载 Linux 操作系统前，要区分不同版本的特征。
3. 通过小组讨论，填写决策单。
4. 下载 CentOS Linux7 版本镜像。

	班　级		第　组	组长签字	
	教师签字		日　期		
实施的评价	评语：				

5. 下载 VMware 和 CentOS Linux7 的检查单

学习情境一	部署 Linux 操作系统	学　时	3 学时
典型工作过程描述	**1. 下载 VMware 和 CentOS Linux7**—2. 安装 VMware 和 CentOS Linux7—3. 启动 CentOS Linux7 环境—4. 创建并使用 vi 编辑器			

序 号	检查项目 （具体步骤的检查）	检 查 标 准	小组自查 （检查是否完成以下步骤，完成打√，没完成打×）	小组互查 （检查是否完成以下步骤，完成打√，没完成打×）
1	Linux 操作系统镜像的下载。	下载正确的 CentOS 版本。		
2	镜像保存位置。	将下载好的镜像保存到指定位置。		
3	Linux 操作系统各版本比较。	了解 Linux 操作系统各版本之间的区别。		
检查的评价	班　级		第　组	组长签字	
^	教师签字		日　期		
^	评语：				

6. 下载 VMware 和 CentOS Linux7 的评价单

学习情境一	部署 Linux 操作系统		学　时	3 学时
典型工作过程描述	**1. 下载 VMware 和 CentOS Linux7**—2. 安装 VMware 和 CentOS Linux7—3. 启动 CentOS Linux7 环境—4. 创建并使用 vi 编辑器				
评价项目	评分维度	组长评分		教师评价
小组 1 下载 VMware 和 CentOS Linux7 的阶段性结果	合理、完整、高效			
小组 2 下载 VMware 和 CentOS Linux7 的阶段性结果	合理、完整、高效			
小组 3 下载 VMware 和 CentOS Linux7 的阶段性结果	合理、完整、高效			
小组 4 下载 VMware 和 CentOS Linux7 的阶段性结果	合理、完整、高效			
rowspan="3" 评价的评价	班　级		第　　组	组长签字	
^	教师签字		日　　期	
评语：				

任务二 安装 VMware 和 CentOS Linux7

1. 安装 VMware 和 CentOS Linux7 的资讯单

学习情境一	部署 Linux 操作系统	学　时	3 学时
典型工作过程描述	1. 下载 VMware 和 CentOS Linux7—**2. 安装 VMware 和 CentOS Linux7**—3. 启动 CentOS Linux7 环境—4. 创建并使用 vi 编辑器		
收集资讯的方式	1. 客户提供的《客户需求单》。 2. 教师提供的《学习性工作任务单》。 3. 观察教师示范。		
资讯描述	1. 安装 VMware。 2. 安装 CentOS Linux7。 3. 安装测试。		
对学生的要求	1. 能根据《客户需求单》，读懂客户需求。 2. 掌握安装 VMware 的方法。 3. 重点掌握 CentOS Linux7 的安装步骤。 4. 验证安装结果是否正确。		
参考资料	1. 程宁，吴丽萍，王兴宇. Linux 服务器搭建与管理[M]. 上海：上海交通大学出版社，2018。 2. Linux 服务器搭建与管理相关书籍，CSDN 论坛。		
资讯的评价	班　级： 　　　　　第　　组　　组长签字： 教师签字： 　　　　　日　期： 评语：		

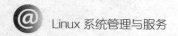

2. 安装 VMware 和 CentOS Linux7 的计划单

学习情境一	部署 Linux 操作系统	学　时	3 学时
典型工作过程描述	1. 下载 VMware 和 CentOS Linux7—2. 安装 VMware 和 CentOS Linux7—3. 启动 CentOS Linux7 环境—4. 创建并使用 vi 编辑器		
计划制订的方式	1. 查看《客户需求单》。 2. 查看《学习性工作任务单》。		

序　号	具体工作步骤	注 意 事 项
1	安装 VMware。	
2	安装 CentOS Linux7。	（1）选择正确版本的 ISO 镜像文件。 （2）熟悉安装步骤。
3	验证安装结果。	

	班　级		第　组	组长签字	
	教师签字		日　期		
计划的评价	评语：				

3. 安装 VMware 和 CentOS Linux7 的决策单

学习情境一	部署 Linux 操作系统	学　时	3 学时
典型工作过程描述	1. 下载 VMware 和 CentOS Linux7—**2. 安装 VMware 和 CentOS Linux7**—3. 启动 CentOS Linux7 环境—4. 创建并使用 vi 编辑器			
序　号	以下哪个是完成"2. 安装 VMware 和 CentOS Linux7"这个典型工作环节的正确的具体步骤？		正确与否（正确打√，错误打×）	
1	（1）安装 VMware—（2）创建虚拟机—（3）自定义高级配置—（4）稍后安装操作系统—（5）Linux 版本选择—（6）命名虚拟机—（7）设置磁盘大小—（8）完成虚拟机安装。			
2	（1）选择 CentOS Linux7 版本—（2）启动虚拟机—（3）选择使用语言—（4）选择带 GUI 的服务器（可视化界面）—（5）点击开始安装—（6）设置 root 密码—（7）创建用户名—（8）安装完毕后重启—（9）验证安装结果。			
决策的评价	班　级		第　组	组长签字
^	教师签字		日　期	
^	评语：			

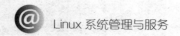

4. 安装 VMware 和 CentOS Linux7 的实施单

学习情境一	部署 Linux 操作系统	学 时	3 学时
典型工作过程描述	1. 下载 VMware 和 CentOS Linux7—**2. 安装 VMware 和 CentOS Linux7**—3. 启动 CentOS Linux7 环境—4. 创建并使用 vi 编辑器		
序 号	实施的具体步骤	注 意 事 项	学生自评
1	安装 VMware。		
2	创建虚拟机。	创建虚拟机的具体步骤。	
3	安装 CentOS Linux7。	在虚拟机中安装指定 Linux 版本的具体步骤。	

实施说明：

1. 我们默认在已有 Windows 系统的计算机上安装 Linux 操作系统，因此首先需要安装 VMware 虚拟机。

2. VMware 安装完成后双击打开，在主页单击"创建新的虚拟机"完成新建虚拟机。（也可选用 Hyper—v 虚拟机）。

3. 新建虚拟机向导—自定义（高级）；安装客户机操作系统—稍后安装操作系统—Linux—CentOS 64 位。

注意事项：安装 Linux 时必须至少有两个分区：交换分区（Swap 分区）、根分区（/分区）。

交换分区：用于实现虚拟内存，也就是说，当系统没有足够的内存来存放正在被处理的数据时，可以将部分暂时不用的数据写入交换分区。交换分区一般是物理内存的 2 倍，实际 SWAP 分区大小的设置应该根据实际情况而定。

根分区：用于存放包括系统程序和用户数据在内的所有数据。

验证安装结果：

1. 双击打开 VMware 快捷方式（如果没有快捷方式可以在开始中找到软件），如果能正常打开且不报错，就说明 VMware 安装成功。

2. 打开 Shell（Linux 的外壳，是系统的用户界面，是用户与内核进行交互操作的一种接口），查看是否正常显示，若正常显示，则说明 CentOS Linux7 安装成功。

	班 级		第 组	组长签字	
实施的评价	教师签字		日 期		
	评语：				

5. 安装 VMware 和 CentOS Linux7 的检查单

学习情境一 典型工作过程描述	部署 Linux 操作系统 1. 下载 VMware 和 CentOS Linux7—**2. 安装 VMware 和 CentOS Linux7**—3. 启动 CentOS Linux7 环境—4. 创建并使用 vi 编辑器		学　时	3 学时
序　号	检查项目 （具体步骤的检查）	检查标准	小组自查 （检查是否完成以下步骤，完成打√，没完成打×）	小组互查 （检查是否完成以下步骤，完成打√，没完成打×）
1	VMware 的安装。	能正常打开 VMware 并新建虚拟机。		
2	CentOS Linux7 的安装。	打开 Shell 正常显示。		
检查的评价	班　级		第　组	组长签字
	教师签字		日　期	
	评语：			

13

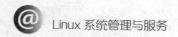

6. 安装 VMware 和 CentOS Linux7 的评价单

学习情境一 典型工作过程描述	部署 Linux 操作系统 1. 下载 VMware 和 CentOS Linux7—2. 安装 **VMware** 和 **CentOS Linux7**— 3. 启动 CentOS Linux7 环境—4. 创建并使用 vi 编辑器			学　　时	3 学时
评价项目	评分维度		组长评分		教师评价
小组 1 安装 VMware 和 CentOS Linux7 的阶段性结果	合理、完整、高效				
小组 2 安装 VMware 和 CentOS Linux7 的阶段性结果	合理、完整、高效				
小组 3 安装 VMware 和 CentOS Linux7 的阶段性结果	合理、完整、高效				
小组 4 安装 VMware 和 CentOS Linux7 的阶段性结果	合理、完整、高效				
评价的评价	班　级		第　组	组长签字	
^	教师签字		日　期		
^	评语：				

任务三　启动 CentOS Linux7 环境

1. 启动 CentOS Linux7 环境的资讯单

学习情境一	部署 Linux 操作系统	学　　时	3 学时
典型工作过程描述	1. 下载 VMware 和 CentOS Linux7—2. 安装 VMware 和 CentOS Linux7—**3. 启动 CentOS Linux7 环境**—4. 创建并使用 vi 编辑器			
收集资讯的方式	1. 查看《客户需求单》。 2. 查看教师提供的《学习性工作任务单》。			
资讯描述	1. 熟悉 Linux 操作系统的操作界面。 2. 熟悉 Linux 操作系统的启动级别。 3. 熟悉 Linux 操作系统不同用户登录的权限。 4. 掌握 Linux 操作系统的启动、登录、退出的方法。			
对学生的要求	能够启动、登录、退出 CentOS Linux7。			
参考资料	1. 程宁，吴丽萍，王兴宇. Linux 服务器搭建与管理[M]. 上海：上海交通大学出版社，2018。 2. Linux 服务器搭建与管理相关书籍，CSDN 论坛。			

	班　级		第　　组	组长签字	
	教师签字		日　　期		
资讯的评价	评语：				

2. 启动 CentOS Linux7 环境的计划单

学习情境一	部署 Linux 操作系统		学 时	3 学时
典型工作过程描述	1. 下载 VMware 和 CentOS Linux7—2. 安装 VMware 和 CentOS Linux7—**3. 启动 CentOS Linux7 环境**—4. 创建并使用 vi 编辑器			
计划制订的方式	1. 查看教师提供的教学资料。 2. 通过资料自行试操作。			
序 号	具体工作步骤		注 意 事 项	
1	Linux 操作系统的启动级别。		Root 用户登录和其他用户名登录的区别。	
2	Linux 操作系统的启动、登录、退出的方法。			
3	Linux 的 Shell 原理。			
	班 级		第 组	组长签字
	教师签字		日 期	
计划的评价	评语：			

3. 启动 CentOS Linux7 环境的决策单

学习情境一	部署 Linux 操作系统	学　　时	3 学时
典型工作过程描述	1. 下载 VMware 和 CentOS Linux7—2. 安装 VMware 和 CentOS Linux7—3. 启动 CentOS Linux7 环境—4. 创建并使用 vi 编辑器			
序　号	以下哪个是完成"3. 启动 CentOS Linux7 环境"这个典型工作环节的正确的具体步骤?		正确与否 （正确打√，错误打×）	
1	（1）加载 BIOS，启动引导程序—（2）加载 Linux 内核—（3）启动 INIT 进程—（4）进入运行级别。			
2	（1）加载 BIOS，启动引导程序—（2）加载 Linux 内核—（3）进入运行级别—（4）启动 INIT 进程。			
3	（1）加载 BIOS，启动引导程序—（2）进入运行级别—（3）启动 INIT 进程—（4）加载 Linux 内核。			
决策的评价	班　级		第　组	组长签字
^	教师签字		日　期	
^	评语：			

4. 启动 CentOS Linux7 环境的实施单

学习情境一	部署 Linux 操作系统	学　时	3 学时
典型工作过程 描述		1.下载 VMware 和 CentOS Linux7—2. 安装 VMware 和 CentOS Linux7—**3. 启动 CentOS Linux7 环境**—4. 创建并使用 vi 编辑器

序　号	实施的具体步骤	注 意 事 项	学 生 自 评
1	启动 CentOS Linux7 环境。		
2	进行 Linux 运行级别设定。	区分 7 个运行级别的不同。	
3	使用图形方式和字符界面登录 Linux。		

实施说明：

1. 启动 Linux 环境。

主机上电加载 BIOS—启动 Linux 操作系统，加载 Linux 内核—启动 INIT 进程—进入运行级别设定—根据不同的运行级别启动相应的服务程序—启动控制台程序。

2. Linux 有 7 个运行级别设定。

0：关机，系统停机状态。

1：单用户，root 权限，用于系统维护。

2：字符界面的多用户模式。

3：字符界面的完全多用户模式。

4：未用。

5：图形界面的多用户模式。

6：重启，系统正常关闭并重启。

3. 使用图形界面和字符界面登录 Linux。

（1）图形界面登录方式：

进入图形界面，如果用户名未列出，单击"未列出"，输入用户名和密码，即可登录。

（2）字符界面登录方式：

在命令行界面输入正确的用户名和密码，即可登录。

4. 退出 Linux 环境。

（1）图形界面退出：

单击右上角"关机"；或者同时按下"Ctrl+D"；或者在命令行窗口输入"logout"都可以退出。

（2）字符界面退出：

输入 Shutdown 命令即可退出。

实施的评价	班　级		第　组		组长签字	
	教师签字		日　期			
	评语：					

5. 启动 CentOS Linux7 环境的检查单

学习情境一 典型工作过程 描述	部署 Linux 操作系统 1. 下载 VMware 和 CentOS Linux7—2. 安装 VMware 和 CentOS Linux7—3. 启动 **CentOS Linux7** 环境—4. 创建并使用 vi 编辑器		学　时	3 学时
序　号	检查项目 （具体步骤的检查）	检　查　标　准	小组自查 （检查是否完成以下步骤，完成打√，没完成打×）	小组互查 （检查是否完成以下步骤，完成打√，没完成打×）
1	使用命令对 Linux 进行登录、退出。	Linux 界面正确显示。		
2	Linux 有 7 个运行级别设定。	实现 7 个级别的切换。		
3	Shell 原理。			
检查的评价	班　级		第　组	组长签字	
	教师签字		日　期		
	评语：				

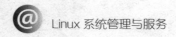

6. 启动 CentOS Linux7 环境的评价单

学习情境一	部署 Linux 操作系统	学　时	3 学时
典型工作过程描述	1. 下载 VMware 和 CentOS Linux7—2. 安装 VMware 和 CentOS Linux7—3. **启动 CentOS Linux7 环境**—4. 创建并使用 vi 编辑器			
评 价 项 目	评 分 维 度	组 长 评 分	教 师 评 价
小组 1 启动 CentOS Linux7 的阶段性结果	美观、时效、完整		
小组 2 启动 CentOS Linux7 的阶段性结果	美观、时效、完整		
小组 3 启动 CentOS Linux7 的阶段性结果	美观、时效、完整		
小组 4 启动 CentOS Linux7 的阶段性结果	美观、时效、完整		
	班　级		第　　组	组长签字	
	教师签字		日　　期		
评价的评价	评语：			

学习情境一 部署 Linux 操作系统

任务四　创建并使用 vi 编辑器

1. 创建并使用 vi 编辑器的资讯单

学习情境一	部署 Linux 操作系统	学　时	3 学时
典型工作过程描述	1.下载 VMware 和 CentOS Linux7—2. 安装 VMware 和 CentOS Linux7—3. 启动 CentOS Linux7 环境—**4. 创建并使用 vi 编辑器**		
收集资讯的方式	1. 客户提供的《客户需求单》。 2. 教师提供的《学习性工作任务单》。 3. 观察教师示范。		
资讯描述	1. 什么是 vi 编辑器。 2. 创建 vi 编辑器。 3. vi 编辑器的使用方法。		
对学生的要求	1. 能根据《客户需求单》，读懂客户需求，分析出需要创建的 vi 编辑器。 2. 掌握 vi 编辑器的创建、编辑、修改、保存、退出等操作。		
参考资料	1. 程宁，吴丽萍，王兴宇. Linux 服务器搭建与管理[M]. 上海：上海交通大学出版社，2018。 2. Linux 服务器搭建与管理相关书籍，CSDN 论坛。		
资讯的评价	班　级：　　　　　　　第　组　　　组长签字： 教师签字：　　　　　　日　期： 评语：		

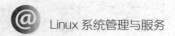

2. 创建并使用 vi 编辑器的计划单

学习情境一	部署 Linux 操作系统	学 时	3 学时
典型工作过程描述	1.下载 VMware 和 CentOS Linux7—2. 安装 VMware 和 CentOS Linux7—3. 启动 CentOS Linux7 环境—**4. 创建并使用 vi 编辑器**		
计划制订的方式	1. 查看《客户需求单》。 2. 查看《学习性工作任务单》。		

序 号	具体工作步骤	注 意 事 项
1	了解 Linux 的文档编辑器的工作模式和切换方式。	
2	创建 vi 编辑器。	
3	熟悉 Linux 编辑器的使用方法。	重点掌握命令行模式和末行模式下常用的基本命令。

	班 级		第 组	组长签字	
	教师签字		日 期		
计划的评价	评语：				

3. 创建并使用 vi 编辑器的决策单

学习情境一	部署 Linux 操作系统		学　时	3 学时
典型工作过程描述	1. 下载 VMware 和 CentOS Linux7—2. 安装 VMware 和 CentOS Linux7—3. 启动 CentOS Linux7 环境—**4. 创建并使用 vi 编辑器**			
序　　号	以下对 vi 编辑器三种工作模式的描述正确的是？			正确与否（正确打√，错误打×）
1	命令行模式：刚进入 vi 编辑器时，默认是命令行模式，支持复制行、删除行等操作。			
2	文本输入模式：支持输入内容。			
3	末行模式：除编辑模式外，可以输入诸多管理员命令。			
决策的评价	班　　级		第　　组	组长签字	
	教师签字		日　　期		
	评语：				

Linux 系统管理与服务

4. 创建并使用 vi 编辑器的实施单

学习情境一	部署 Linux 操作系统		学　时	3 学时
典型工作过程描述	1.下载 VMware 和 CentOS Linux7—2. 安装 VMware 和 CentOS Linux7—3. 启动 CentOS Linux7 环境—4. 创建并使用 vi 编辑器			
序　号	实施的具体步骤	注 意 事 项	学 生 自 评	
1	启动 vi 编辑器。	vim 是高阶版的 vi，它们均是全屏幕文本编辑器，没有菜单，只有命令。		
2	使用命令切换编辑器的工作模式。			
3	进行编辑、修改、保存、退出等操作。	重点掌握文本模式下的常用命令操作。		

实施说明：

1. 启动 Linux 编辑器。

登录 Linux 后，在命令行输入 vi 或者 vim 就可以启动 Linux 编辑器。

2. 使用命令切换编辑器的工作模式。

命令行模式下，输入 "i" 可切换到文本输入模式；输入 ":" 可切换到末行模式。

文本输入模式下输入 "ESC" 可切换到命令行模式。

练习不同工作模式下的常用命令。

3. 常用命令。

命令行模式下常用的命令：

"h" "j" "#G" "MYM" 等。

末行模式下常用的命令：

":q" ":q !" 等。

4. 使用 vim 编辑器查看高亮显示功能。

进入 vim 编辑器，输入和 vi 编辑器一样的内容，可查看 vim 编辑器下的颜色高亮内容。

	班　级		第　组		组长签字	
	教师签字		日　期			
实施的评价	评语：					

24

5. 创建并使用 vi 编辑器的检查单

学习情境一	部署 Linux 操作系统	学 时	3 学时
典型工作过程描述	1. 下载 VMware 和 CentOS Linux7—2. 安装 VMware 和 CentOS Linux7—3. 启动 CentOS Linux7 环境—**4. 创建并使用 vi 编辑器**		

序 号	检查项目（具体步骤的检查）	检 查 标 准	小组自查（检查是否完成以下步骤，完成打√，没完成打×）	小组互查（检查是否完成以下步骤，完成打√，没完成打×）
1	确认正常登录 Linux 编辑器。	vi 和 vim 编辑器均能正常打开。		
2	Linux 编辑器的三种工作模式切换正常，页面显示正常。	每种工作模式能完成切换。		
3	确认 vim 编辑器颜色显示正常。	进入 vim 编辑器，确认代码颜色高亮显示正常。		
4	编写文档。	能完成编辑、修改、保存、退出等操作。		

	班 级		第 组	组长签字	
	教师签字		日 期		
检查的评价	评语：				

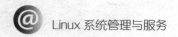

6. 创建并使用 vi 编辑器的评价单

学习情境一	部署 Linux 操作系统		学 时	3 学时
典型工作过程描述	1. 下载 VMware 和 CentOS Linux7—2. 安装 VMware 和 CentOS Linux7—3. 启动 CentOS Linux7 环境—**4. 创建并使用 vi 编辑器**			
评价项目	评分维度	组长评分		教师评价
小组 1 创建并使用 vi 编辑器的阶段性结果	合理、完整、高效			
小组 2 创建并使用 vi 编辑器的阶段性结果	合理、完整、高效			
小组 3 创建并使用 vi 编辑器的阶段性结果	合理、完整、高效			
小组 4 创建并使用 vi 编辑器的阶段性结果	合理、完整、高效			
评价的评价	班　　级		第　　组	组长签字
	教师签字		日　　期	
	评语：			

学习情境二　管理 Linux 用户与组

客户需求单

客户需求
1. 管理系统中的用户和组是系统管理员的主要任务之一，包括创建新用户，指定主目录，创建组账号使同类型用户授予相同权限及修改用户和工作组等操作。 　　2. 根据企业要求，完成用户和工作组的创建。

学习性工作任务单

学习情境二	管理 Linux 用户与组		学　　时	3 学时
典型工作过程 描述	1. 熟悉 Linux 用户和组—2. 管理 Linux 用户—3. 管理 Linux 组			
学习目标	**1. 熟悉 Linux 用户和组的学习目标。** 　　（1）了解用户的类型。 　　（2）了解用户的账号文件。 　　（3）了解组。 　　（4）了解组账号文件。 **2. 管理 Linux 用户的学习目标。** 　　（1）创建新用户。 　　（2）设置或修改用户口令。 　　（3）设置用户账号属性。 　　（4）删除用户账号。 　　（5）切换用户身份。 **3. 管理 Linux 组的学习目标。** 　　（1）创建组。 　　（2）修改组的属性。 　　（3）删除组。 　　（4）组中的用户管理。			
任务描述	首先根据学习任务要求，了解 Linux 中用户和组的概念、用户的类型区分，了解用户和组的账号文件，管理 Linux 用户和组，学会使用命令创建新用户、组，删除用户账号和组，设置用户账号属性，修改组的属性等。			
学时安排	资讯 0.2 学时	计划 0.2 学时	决策 0.2 学时	实施 2 学时	检查 0.2 学时	评价 0.2 学时
对学生的要求	1. 通过预习，了解 Linux 系统中用户和组的区别，可以区分用户的三种类型，掌握用户和组的账号文件存放位置。					

对学生的要求	2. 掌握在 Linux 环境中，如何使用命令创建新用户、设置或修改用户口令、设置用户账号属性、删除用户账号、切换用户身份等操作。 3. 掌握在 Linux 环境中，如何使用命令创建组、修改组的属性、删除组、组中的用户管理等操作。						
参考资料	1. 程宁，吴丽萍，王兴宇. Linux 服务器搭建与管理[M]. 上海：上海交通大学出版社，2018。 2. Linux 服务器搭建与管理相关书籍，CSDN 论坛。						
教学和学习 方式和流程	典型工作环节	教学和学习的方式					
	1. 熟悉 Linux 用户和组	资讯	计划	决策	实施	检查	评价
	2. 管理 Linux 用户	资讯	计划	决策	实施	检查	评价
	3. 管理 Linux 组	资讯	计划	决策	实施	检查	评价

材料工具清单

学习情境二		管理 Linux 用户与组			学　时		3 学时	
典型工作过程 描述		1. 熟悉 Linux 用户和组—2. 管理 Linux 用户—3. 管理 Linux 组						
典型 工作过程	序　号	名　称	作　用	数　量	型　号	使用量	使用者	
1. 创建用户 和组	1	VMware 软件	上课	1		1	学生	
	2	CentOS7 系统	填表	1			学生	
2. 管理用户 和组	3	CentOS7 系统	上课	1		1	学生	
班　级		第　　组			组长签字			
教师签字		日　　期						

任务一　熟悉 Linux 用户和组

1. 熟悉 Linux 用户和组的资讯单

学习情境二	管理 Linux 用户与组	学　　时	3 学时
典型工作过程描述	**1. 熟悉 Linux 用户和组—2. 管理 Linux 用户—3. 管理 Linux 组**		
收集资讯的方式	1. 查看《客户需求单》。 2. 查看教师提供的《学习性工作任务单》。 3. 查看 Linux 服务器搭建与管理相关书籍。			
资讯描述	1. 了解 Linux 用户的类型。 2. 了解 Linux 用户的账号文件。 3. 了解 Linux 组。 4. 了解 Linux 组的账号文件。			
对学生的要求	1. 学会查看《客户需求单》。 2. 掌握 Linux 中用户和组的概念，能区分用户和组账号文件。			
参考资料	1. 程宁，吴丽萍，王兴宇. Linux 服务器搭建与管理[M]. 上海：上海交通大学出版社，2018。 2. Linux 服务器搭建与管理相关书籍，CSDN 论坛。			
资讯的评价	班　级		第　　组	组长签字	
	教师签字		日　　期		
	评语：				

2. 熟悉 Linux 用户和组的计划单

学习情境二		管理 Linux 用户与组		学　时	3 学时
典型工作过程描述		**1. 熟悉 Linux 用户和组**—2. 管理 Linux 用户—3. 管理 Linux 组			
计划制订的方式		1. 查看《客户需求单》。 2. 查看《学习性工作任务单》。 3. 小组讨论。			
序　号	具体工作步骤		注　意　事　项		
1	明确用户类型的三种区分方法。				
2	查询用户和组的账号文件保存位置。				
3	了解用户和组的定义。				
4	了解用户和组的配置文件保存位置。				
计划的评价	班　级		第　　组		组长签字
	教师签字		日　期		
	评语：				

3. 熟悉 Linux 用户和组的决策单

学习情境二		管理 Linux 用户与组		学　时	3 学时
典型工作过程描述		**1. 熟悉 Linux 用户和组—2. 管理 Linux 用户—3. 管理 Linux 组**			
序　号	请描述 Linux 系统中，不同类型的用户所具有的权限和所完成的具体任务。				正确与否（正确打√，错误打×）
1	系统管理员：				
2	系统用户：				
3	普通用户：				
决策的评价	班　级		第　组	组长签字	
	教师签字		日　期		
	评语：				

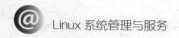

4. 熟悉 Linux 用户和组的实施单

学习情境二	管理 Linux 用户与组	学 时	3 学时
典型工作过程描述	1. 熟悉 Linux 用户和组—2. 管理 Linux 用户—3. 管理 Linux 组		
序 号	实施的具体步骤	注 意 事 项	学 生 自 评
1	根据 UID 号明晰自己的用户类型,并说出三种用户类型的 UID 号分配规则。	Linux 中,不同类型的用户具有的权限和任务均不同。用户的类型通过用户标识符 UID 来区分。	
2	查看用户和组的账号文件保存位置。	(1)Linux 中,所有用户(包括系统管理员)的账号信息都可以通过配置文件/etc/password 和/etc/shadow 进行保存。 (2)Linux 中,用户的口令经加密后都保存在/etc/shadow 中,因此/etc/password 中显示的用户口令均为"x",该文件只允许 root 用户查看,root 用户还可以变更口令或者停用某个用户。 (3)组的口令文件经加密后保存在/etc/gshadow 中。	
实施说明:			

1. 根据 UID 号明晰自己的用户类型,并说出三种用户类型的 UID 号分配规则。

(1)系统管理员:root 账户,UID 号为 0,拥有对系统的最高访问权限。

(2)系统用户:为满足 Linux 系统管理员内建的账号,UID 的范围是 1~999,不能用于登录操作系统。

(3)普通用户:由 root 管理员创建,供用户登录和进行操作的账号,UID 号在 1000 以上。

2. 查看用户和组的账号文件保存位置。

(1)用户配置文件/etc/password:该目录下保存用户口令以外的所有用户账号信息,并且所有用户均可查看。

文件中每一行描述一个用户配置信息,每一行之间又通过":"分隔,各部分的含义分别是:用户名、口令、UID、GID(组 ID)、全程、用户主目录、登录 Shell。

(2)组账号文件/etc/group:该目录下保存所有组账号的信息,所有的用户都可以查看该内容,各部分的含义分别是:组名、组口令、组 ID、组成员列表。

	班 级		第 组	组长签字	
实施的评价	教师签字		日 期		
	评语:				

5. 熟悉 Linux 用户和组的检查单

学习情境二	管理 Linux 用户与组	学 时	3 学时
典型工作过程描述	**1. 熟悉 Linux 用户和组**—2. 管理 Linux 用户—3. 管理 Linux 组		
序 号	检查项目 （具体步骤的检查）	检 查 标 准	小组自查 （检查是否完成以下步骤，完成打√，没完成打×）	小组互查 （检查是否完成以下步骤，完成打√，没完成打×）
1	对用户类型的了解情况，判断给定 UID 号的用户类型。	能根据 UID 号来区分用户类型。		
2	查看用户和组的账号文件保存位置。	能掌握查找用户账号文件和组账号文件的方法。		
检查的评价	班　级		第　　组	组长签字
	教师签字		日　　期	
	评语：			

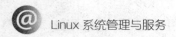

6. 熟悉 Linux 用户和组的评价单

学习情境二 典型工作过程描述	管理 Linux 用户与组		学　时	3 学时
	1. 熟悉 Linux 用户和组—2. 管理 Linux 用户—3. 管理 Linux 组			
评 价 项 目	评 分 维 度	组 长 评 分		教 师 评 价
小组 1 熟悉 Linux 用户和组的阶段性结果	合理、完整、高效			
小组 2 熟悉 Linux 用户和组的阶段性结果	合理、完整、高效			
小组 3 熟悉 Linux 用户和组的阶段性结果	合理、完整、高效			
小组 4 熟悉 Linux 用户和组的阶段性结果	合理、完整、高效			
评价的评价	班　级　　　　　第　　组　　组长签字 教师签字　　　　　日　　期 评语：			

任务二 管理 Linux 用户

1. 管理 Linux 用户的资讯单

学习情境二	管理 Linux 用户与组	学　　时	3 学时
典型工作过程描述	1. 熟悉 Linux 用户和组—**2. 管理 Linux 用户**—3. 管理 Linux 组		
收集资讯的方式	1. 客户提供的《客户需求单》。 2. 教师提供的《学习性工作任务单》。 3. 观察教师示范。		
资讯描述	1. 创建新用户。 2. 修改用户口令。 3. 设置用户账号属性。 4. 删除用户账号。 5. 切换用户身份。		
对学生的要求	1. 能根据《客户需求单》，读懂客户需求，分析出需要创建的新用户。 2. 给用户设置口令。 3. 删除用户。 4. 切换用户身份。		
参考资料	1. 程宁，吴丽萍，王兴宇. Linux 服务器搭建与管理[M]. 上海：上海交通大学出版社，2018。 2. Linux 服务器搭建与管理相关书籍，CSDN 论坛。		
资讯的评价	班　级		第　　组	组长签字	
	教师签字		日　　期		
	评语：				

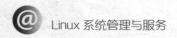

2. 管理 Linux 用户的计划单

学习情境二	管理 Linux 用户与组	学　时	3 学时
典型工作过程描述	1. 熟悉 Linux 用户和组—**2. 管理 Linux 用户**—3. 管理 Linux 组		
计划制订的方式	1. 查看《客户需求单》。 2. 查看《学习性工作任务单》。		

序　号	具体工作步骤	注 意 事 项
1	创建新用户。	
2	修改用户口令。	
3	添加 Samba 用户并设置口令。	
4	设置用户账号属性。	
5	删除用户账号。	
6	切换用户身份。	

	班　级		第　　组	组长签字	
	教师签字		日　期		
计划的评价	评语：				

3. 管理 Linux 用户的决策单

学习情境二	管理 Linux 用户与组	学 时	3 学时
典型工作过程描述	1. 熟悉 Linux 用户和组—2. 管理 Linux 用户—3. 管理 Linux 组			
序 号	请简要描述用户账号文件中的 7 个用户属性信息，及管理用户涉及的基本命令。		正确与否（正确打√，错误打×）	
1	用户名，口令，UID，GID，全称，用户主目录，登录 Shell：				
2	创建和删除用户的命令：				
3	修改用户口令的命令：				
4	切换用户身份的命令：				
决策的评价	班 级		第 组	组长签字	
:::	教师签字		日 期		
:::	评语：				

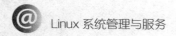

4. 管理 Linux 用户的实施单

学习情境二	管理 Linux 用户与组	学 时	3 学时
典型工作过程描述	1. 熟悉 Linux 用户和组—2. 管理 Linux 用户—3. 管理 Linux 组		
序 号	实施的具体步骤	注 意 事 项	学生自评
1	使用命令创建新用户,设置并修改用户口令。	useradd -d/opt/student -u 6666 -s /sbin/nologin student 该命令实现的是创建名为 student 的用户,主目录放在/opt/目录中,并指定登录 Shell 为/sbin/nologin,UID 号设置为 6666。	
2	使用命令设置新用户的账号属性。	该账号只有 root 用户才能使用。	
3	使用命令删除新建的用户账号。	举例说明:如有这样一个账号,现在需要删除: uid=6666(jack) gid=6666(student) groups= 6666(student) 删除命令:userdel -r jack	
4	使用命令切换用户身份。	如果缺少用户名,则会切换到 root 用户,否则就会切换到指定用户。	

实施说明:
1. 使用命令创建新用户,设置并修改用户口令。
(1) 创建新用户。
使用 useradd 命令实现新建用户,具体使用方法:useradd [选项] 用户名;其中选项用于设置用户账号参数。
(2) 设置并修改用户口令。
password [选项] 用户名
2. 使用命令设置新建用户的账号属性。
usermod [选项] 用户名
-l 新用户名,指定用户的新名称。
-L 锁定用户账户。
-U 解决用户账号锁定。
3. 使用命令删除新建的用户账号。
删除指定的用户账号:
userdel [选项] 用户名
常用的选项如下:
-f 强制删除用户。
-r 同时删除用户及用户目录。

续表

4. 使用命令切换用户身份。
su [-] [用户名]
使用"-"选项,用户切换为新用户的同时会使用新用户的环境变量。

实施的评价	班　　级		第　　组		组长签字	
	教师签字		日　　期			
	评语:					

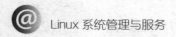

5. 管理 Linux 用户的检查单

学习情境二 典型工作过程描述	管理 Linux 用户与组 1. 熟悉 Linux 用户和组—2. 管理 Linux 用户—3.管理 Linux 组		学　时	3 学时
序号	检查项目 （具体步骤的检查）	检　查　标　准	小组自查 （检查是否完成以下步骤，完成打√，没完成打×）	小组互查 （检查是否完成以下步骤，完成打√，没完成打×）
1	使用命令新建、删除、切换用户账号。	正确使用 useradd、userdel、su 三个命令及其参数。		
2	使用命令修改用户账号口令。	正确使用 password 命令及其参数。		
3	使用命令设置用户的账号属性。	正确掌握 usermod 命令以及三个参数的用法。		
检查的评价	班　级		第　　组	组长签字
	教师签字		日　期	
	评语：			

40

6. 管理 Linux 用户的评价单

学习情境二	管理 Linux 用户与组	学 时	3 学时
典型工作过程描述	1. 熟悉 Linux 用户和组—**2. 管理 Linux 用户**—3. 管理 Linux 组		
评价项目	评分维度	组长评分	教师评价
小组 1 管理 Linux 用户的阶段性结果	合理、完整、高效		
小组 2 管理 Linux 用户的阶段性结果	合理、完整、高效		
小组 3 管理 Linux 用户的阶段性结果	合理、完整、高效		
小组 4 管理 Linux 用户的阶段性结果	合理、完整、高效		
评价的评价	班　　级		第　　组	组长签字	
^	教师签字		日　　期		
^	评语：				

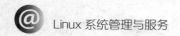

任务三　管理 Linux 组

1. 管理 Linux 组的资讯单

学习情境二	管理 Linux 用户与组	学　时	3 学时
典型工作过程描述	1. 熟悉 Linux 用户和组—2. 管理 Linux 用户—**3. 管理 Linux 组**		
收集资讯的方式	1. 客户提供的《客户需求单》。 2. 教师提供的《学习性工作任务单》。 3. 观察教师示范。		
资讯描述	1. 创建用户组。 2. 修改用户组属性。 3. 重设用户组 GID。 4. 删除用户组。 5. 用户组中的用户管理。		
对学生的要求	1. 学生能根据《客户需求单》，读懂客户需求，分析出需要创建的用户组。 2. 创建用户组。 3. 管理用户组中的用户。		
参考资料	1. 程宁，吴丽萍，王兴宇. Linux 服务器搭建与管理[M]. 上海：上海交通大学出版社，2018。 2. Linux 服务器搭建与管理相关书籍，CSDN 论坛。		
资讯的评价	班　级		第　　组	组长签字	
	教师签字		日　　期		
	评语：				

2. 管理 Linux 组的计划单

学习情境二	管理 Linux 用户与组	学　　时	3 学时
典型工作过程描述	1. 熟悉 Linux 用户和组—2. 管理 Linux 用户—**3. 管理 Linux 组**		
计划制订的方式	1. 查看《客户需求单》。 2. 查看《学习性工作任务单》。		

序　号	具体工作步骤	注 意 事 项
1	创建用户组。	
2	修改用户组属性。	
3	重设用户组 GID。	
4	删除用户组。	
5	用户组中的用户管理。	

	班　级		第　　组	组长签字	
	教师签字		日　　期		
计划的评价	评语：				

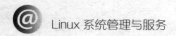

3. 管理 Linux 组的决策单

学习情境二	管理 Linux 用户与组	学 时	3 学时
典型工作过程描述	1. 熟悉 Linux 用户和组—2. 管理 Linux 用户—**3. 管理 Linux 组**		
序 号	下列关于"3. 管理 Linux 组"这个典型工作环节描述正确的是?	正确与否（正确打√，错误打×）	
1	使用 useradd 命令创建新用户时，如果不指定"-g"选项，将会同时创建一个同名的用户组账号，并且会将新用户纳入该用户组中。		
2	对用户组的名称进行修改，不会改变其 GID 的值。		
3	删除指定用户组之前要确保该用户组不是任何用户的主要组，否则需要先删除引用该主要组的账户，再删除用户组。		
决策的评价	班　级　　　　　　　第　组　　组长签字 教师签字　　　　　　　日　期 评语：		

4. 管理 Linux 组的实施单

学习情境二	管理 Linux 用户与组	学　时	3 学时
典型工作过程描述	1. 熟悉 Linux 用户和组—2. 管理 Linux 用户—3. 管理 Linux 组		
序　号	实施的具体步骤	注　意　事　项	学　生　自　评
1	使用命令创建用户组账号。	（1）使用 useradd 命令创建新用户时，如果不指定"-g"选项，将会同时创建一个同名的用户组账号，并且会将新用户纳入该用户组中。 （2）该命令只有 root 用户才能使用。	
2	使用命令修改用户组的属性。	（1）对用户组属性的修改，主要是修改用户组的名称和用户组的 GID 值。 （2）对用户组的名称进行修改，不会改变其 GID 的值。 （3）用户组的 GID 值可以重新进行设置和更改，但不能和已有用户组的 GID 值重复。对 GID 值进行修改，不会改变用户组的名称。	
3	使用命令删除用户组。	（1）该命令只有 root 用户才能使用。 （2）删除指定用户组之前要确保该用户组不是任何用户的主要组，否则需要先删除引用该主要组的账户，再删除用户组。	
4	使用命令进行用户组中的用户管理。	（1）该命令只有 root 用户才能使用。 （2）将 student 用户添加到 net 用户组中： gpasswd -a student net （3）将 student 用户从 net 用户组中移除： gpasswd -d student net	

实施说明：

1. 使用命令创建用户组账号。

groupadd [选项] 用户组名

常用选项有：

-g 组 ID 用指定的 GID 号创建用户组。

创建一个名为 networks 的用户组，GID 号为 1000：

#groupadd -g 1000 networks

2. 使用命令修改用户组的属性。

（1）改变用户组的名称。

具体命令：

groupmod -n 新用户组名 原用户组名

续表

将 student 组名修改为 teacher：

#groupmod -n teacher student

（2）重设用户组的 GID。

具体命令：

groupmod -g 新 GID 号 用户组名称

将 student 组的 GID 号改为 1009：

#groupmod -g 1009 student

3. 删除指定的用户组账号。

具体的命令为：

groupdel 用户名

删除 net 用户组：

groupdel net

4. 使用命令进行用户组中的用户管理。

如果要将用户添加到指定的组中，使其成为该用户组的成员或从用户组中移除某用户，可以使用 gpasswd 命令，命令格式为：

gpasswd [选项] 用户名 用户组名

常用选项有：

-a 添加用户到用户组中。

-d 从用户组中移除用户。

	班　　级		第　　组	组长签字	
	教师签字		日　　期		
实施的评价	评语：				

5. 管理 Linux 组的检查单

学习情境二	管理 Linux 用户与组	学　时	3 学时
典型工作过程描述	1. 熟悉 Linux 用户和组—2. 管理 Linux 用户—**3. 管理 Linux 组**		

序 号	检查项目（具体步骤的检查）	检 查 标 准	小组自查（检查是否完成以下步骤，完成打√，没完成打×）	小组互查（检查是否完成以下步骤，完成打√，没完成打×）
1	能否使用命令创建、删除用户组。	正确使用 groupadd、groupdel 这两个命令及其参数。		
2	能否使用命令修改用户组属性。	正确使用 groupmod 命令及其参数。		
3	能否使用命令管理用户组中的用户。	正确掌握 gpasswd 命令及其参数的用法。		
检查的评价	班　级		第　组	组长签字	
	教师签字		日　期		
	评语：				

6. 管理 Linux 组的评价单

学习情境二	管理 Linux 用户与组	学　　时	3 学时
典型工作过程描述	1. 熟悉 Linux 用户和组—2. 管理 Linux 用户—**3. 管理 Linux 组**		
评 价 项 目	评 分 维 度	组 长 评 分	教 师 评 价
小组 1 管理 Linux 组的阶段性结果	合理、完整、高效		
小组 2 管理 Linux 组的阶段性结果	合理、完整、高效		
小组 3 管理 Linux 组的阶段性结果	合理、完整、高效		
小组 4 管理 Linux 组的阶段性结果	合理、完整、高效		
评价的评价	班　级： 　　　　　　第　　组　　组长签字 教师签字：　　　　　　　日　期 评语：		

学习情境三 Linux 文件系统和磁盘管理

客户需求单

客户需求
1. 现需要在服务器新建一块 20GB 的硬盘，并对新增的硬盘进行分区管理，分区方案为/user 目录所在分区 10GB，/backup 目录所在分区 5GB，/home 目录所在分区 5GB。 2. 公司为了保护服务器的重要数据，购买了同一厂家容量相同的 4 块硬盘，要求利用这 4 块硬盘创建 RAID5 卷，以实现硬盘容错，保护重要数据。

学习性工作任务单

学习情境三	Linux 文件系统和磁盘管理	学　时	3 学时
典型工作过程 描述	1. 磁盘分区—2. 创建 RAID5 卷—3. 文件系统管理		
学习目标	**1. 预习实验背景的学习目标。** （1）了解 Linux 文件系统类型。 （2）了解 Linux 系统下的磁盘管理。 **2. Linux 文件系统的学习目标。** （1）Linux 文件系统的访问权限。 （2）用户访问权限的分类。 （3）Linux 文件系统权限修改典型工作环节。 **3. Linux 磁盘管理的学习目标。** （1）了解静态磁盘的分区。 （2）了解动态磁盘的 RAID5 卷。		
任务描述	**1. 磁盘分区。** （1）了解静态磁盘和动态磁盘。 （2）添加 4 块硬盘。 （3）磁盘分区。 **2. 创建 RAID5 卷。** （1）创建 RAID5 卷。 （2）性能测试。 **3. 文件系统管理。** （1）Linux 文件系统的访问权限。 （2）用户访问权限的分类。 （3）Linux 文件系统访问权限修改。		

Linux 系统管理与服务

学时安排	资讯 0.2 学时	计划 0.2 学时	决策 0.2 学时	实施 2 学时	检查 0.2 学时	评价 0.2 学时
对学生的要求	\multicolumn{6}{l}{1. 根据企业案例的实验设计，养成积极主动思考问题的习惯，并锻炼思考的全面性、准确性与逻辑性。 2. 通过对比 Linux 系统和 Windows 系统的磁盘管理和文件系统的讲解，养成具体问题具体解决的习惯，能灵活运用。 3. 能用科学的方法来研究问题、解决问题，增强创新意识。}

学时安排	资讯 0.2 学时	计划 0.2 学时	决策 0.2 学时	实施 2 学时	检查 0.2 学时	评价 0.2 学时
对学生的要求	1. 根据企业案例的实验设计，养成积极主动思考问题的习惯，并锻炼思考的全面性、准确性与逻辑性。 2. 通过对比 Linux 系统和 Windows 系统的磁盘管理和文件系统的讲解，养成具体问题具体解决的习惯，能灵活运用。 3. 能用科学的方法来研究问题、解决问题，增强创新意识。					
参考资料	1. 程宁，吴丽萍，王兴宇. Linux 服务器搭建与管理[M]. 上海：上海交通大学出版社，2018。 2. Linux 服务器搭建与管理相关书籍，CSDN 论坛。					
教学和学习 方式和流程	典型工作环节	教学和学习的方式				
	1. 磁盘分区	资讯	计划	决策	实施	检查	评价
	2. 创建 RAID5 卷	资讯	计划	决策	实施	检查	评价
	3. 文件系统管理	资讯	计划	决策	实施	检查	评价

材料工具清单

学习情境三	Linux 文件系统和磁盘管理			学　时	3 学时		
典型工作过程 描述	1. 磁盘分区—2. 创建 RAID5 卷—3. 文件系统管理						
典型 工作过程	序　号	名　　称	作　用	数　　量	型　号	使用量	使用者
1. 磁盘分区	1	VMware 软件	上课	1		1	学生
	2	CentOS7 系统	上课	1		1	学生
2. 创建 RAID5 卷	3	CentOS7 系统	上课	1		1	学生
3. 文件系统 管理	4	CentOS7 系统	上课	1		1	学生
班　级		第　组		组长签字			
教师签字		日　期					

学习情境三 Linux 文件系统和磁盘管理

任 务 一　磁 盘 分 区

1. 磁盘分区的资讯单

学习情境三	Linux 文件系统和磁盘管理	学　　时	3 学时
典型工作过程描述	**1.** 磁盘分区—2. 创建 RAID5 卷—3. 文件系统管理		
收集资讯的方式	1. 查看《客户需求单》。 2. 查看教师提供的《学习性工作任务单》。 3. 查看 Linux 服务器搭建与管理相关书籍。		
资讯描述	1. 回顾 Windows 文件系统和磁盘分区的工作原理。 2. 对比 Linux 系统和 Windows 系统的文件系统和磁盘分区的异同。 3. 用一个企业的真实案例进行实验分析。		
对学生的要求	1. 学会查看 Linux 操作系统的磁盘信息。 2. 学会在虚拟机中添加硬盘。 3. 会对新添加的硬盘进行分区。		
参考资料	1. 程宁，吴丽萍，王兴宇. Linux 服务器搭建与管理[M]. 上海：上海交通大学出版社，2018。 2. Linux 服务器搭建与管理相关书籍，CSDN 论坛。		
资讯的评价	班　　级		第　　组	组长签字	
	教师签字		日　　期		
	评语：				

2. 磁盘分区的计划单

学习情境三	Linux 文件系统和磁盘管理	学 时	3 学时
典型工作过程描述	**1.** 磁盘分区—2. 创建 RAID5 卷—3. 文件系统管理		
计划制订的方式	1. 查看《客户需求单》。 2. 查看《学习性工作任务单》。 3. 小组讨论。		
序 号	具体工作步骤	注 意 事 项	
1	通过虚拟机添加一块新的硬盘。	添加完新的硬盘后必须重启系统,否则不能识别新添加的硬盘。	
2	了解主分区、扩展分区和逻辑分区的概念。		
3	对新添加的硬盘进行分区。		
4	使用命令查看分区结果。		
计划的评价	班 级		第 组	组长签字	
	教师签字		日 期		
	评语:				

3. 磁盘分区的决策单

学习情境三	Linux 文件系统和磁盘管理	学　　时	3 学时
典型工作过程描述	**1.** 磁盘分区—2. 创建 RAID5 卷—3. 文件系统管理		
序　号	以下哪个是完成"1. 磁盘分区"这个典型工作环节的正确的具体步骤？		正确与否 （正确打√，错误打×）
1	（1）添加新硬盘—（2）使用 fdisk 命令进行分区—（3）使用 lsblk 命令查看分区结果。		
2	（1）添加新硬盘—（2）重启系统—（3）使用 fdisk 命令进行分区—（4）使用 lsblk 命令查看分区结果。		
3	（1）添加新硬盘—（2）重启系统—（3）使用 fdisk 命令进行分区—（4）格式化分区并建立 Ext3 文件系统—（5）磁盘挂载。		
决策的评价	班　级		第　组	组长签字	
	教师签字		日　期		
	评语：				

@ Linux 系统管理与服务

4. 磁盘分区的实施单

学习情境三	Linux 文件系统和磁盘管理		学　　时	3 学时
典型工作过程描述	**1.** 磁盘分区—2. 创建 RAID5 卷—3. 文件系统管理			
序　　号	实施的具体步骤	注　意　事　项		学　生　自　评
1	添加新的硬盘。			
2	重启系统。	如果不重启系统，就无法识别新添加的硬盘。		
3	使用 fdisk 命令进行分区。	区分主分区、扩展分区和逻辑分区。		
4	格式化分区并建立 Ext3 文件系统。			
5	磁盘挂载。			

实施说明：

1. 查看《客户需求单》后，首先打开电脑中的 VMware Workstation Pro 工具。

2. 体会 Linux 系统与 Windows 系统在磁盘分区上的区别。

3. 对新添加的磁盘进行分区。

4. 熟悉 fdisk 分区子命令。

5. 熟悉 Linux 操作系统中主分区、扩展分区和逻辑分区三者之间的逻辑关系及表示方法。

	班　　级		第　　组	组长签字	
	教师签字		日　　期		
实施的评价	评语：				

54

5. 磁盘分区的检查单

学习情境三 典型工作过程描述	Linux 文件系统和磁盘管理 **1.** 磁盘分区—2. 创建 RAID5 卷—3. 文件系统管理		学　时	3 学时
序　号	检查项目 （具体步骤的检查）	检　查　标　准	小组自查 （检查是否完成以下步骤，完成打√，没完成打×）	小组互查 （检查是否完成以下步骤，完成打√，没完成打×）
1	新磁盘是否添加成功。			
2	磁盘分区是否成功。			
3	是否对磁盘进行格式化和建立 Ext3 文件系统。			
4	是否完成磁盘的挂载。			
检查的评价	班　级		第　　组	组长签字	
	教师签字		日　期		
	评语：				

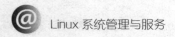

6. 磁盘分区的评价单

学习情境三	Linux 文件系统和磁盘管理		学　　时	3 学时
典型工作过程描述	**1.** 磁盘分区—2. 创建 RAID5 卷—3. 文件系统管理			
评 价 项 目	评 分 维 度	组 长 评 分		教 师 评 价
小组 1 磁盘分区的阶段性结果	合理、完整、高效			
小组 2 磁盘分区的阶段性结果	合理、完整、高效			
小组 3 磁盘分区的阶段性结果	合理、完整、高效			
小组 4 磁盘分区的阶段性结果	合理、完整、高效			
评价的评价	班　　级		第　　组	组长签字	
	教师签字		日　　期		
	评语：				

任务二 创建 RAID5 卷

1. 创建 RAID5 卷的资讯单

学习情境三	Linux 文件系统和磁盘管理	学　　时	3 学时
典型工作过程描述	1. 磁盘分区—**2. 创建 RAID5 卷**—3. 文件系统管理		
收集资讯的方式	1. 客户提供的《客户需求单》。 2. 教师提供的《学习性工作任务单》。 3. 观察教师示范。		
资讯描述	1. 添加 4 块硬盘。 2. 使用命令分别对/dev/sdc，/dev/sdd，/dev/sde，/dev/sdf 进行分区并设置分区类型 ID 为 fd。 3. 使用 Madam 命令创建 RAID5 卷。 4. 使用 RAID5 卷建立文件系统。 5. 建立挂载点并挂载磁盘。 6. 测试 RAID5 卷的性能。		
对学生的要求	1. 掌握在 Linux 操作系统中 fdisk 命令的用法。 2. 掌握在 Linux 操作系统中磁盘的分区、挂载、卸载方法。 3. 掌握在 Linux 操作系统中利用 RAID5 卷实现磁盘冗余阵列的方法。 4. 会测试 RAID5 卷的性能。		
参考资料	1. 程宁，吴丽萍，王兴宇. Linux 服务器搭建与管理[M]. 上海：上海交通大学出版社，2018。 2. Linux 服务器搭建与管理相关书籍，CSDN 论坛。		
资讯的评价	班　　级		第　　组	组长签字	
	教师签字		日　　期		
	评语：				

2. 创建 RAID5 卷的计划单

学习情境三	Linux 文件系统和磁盘管理	学 时	3 学时
典型工作过程描述	1. 磁盘分区—**2. 创建 RAID5 卷**—3. 文件系统管理		
计划制订的方式	1. 查看《客户需求单》。 2. 查看《学习性工作任务单》。		

序 号	具体工作步骤	注 意 事 项
1	添加 4 块硬盘。	添加完硬盘后要重启系统,否则不能识别新添加的硬盘。
2	使用 fdisk 命令对磁盘进行分区。	
3	使用 Madam 命令创建 RAID5 卷。	
4	使用 RAID5 卷建立文件系统。	
5	建立挂载点并挂载磁盘。	
6	测试 RAID5 卷的性能。	

	班 级		第 组	组长签字	
	教师签字		日 期		
计划的评价	评语:				

3. 创建 RAID5 卷的决策单

学习情境三	Linux 文件系统和磁盘管理	学 时	3 学时
典型工作过程描述	1. 磁盘分区—2. 创建 **RAID5** 卷—3. 文件系统管理		
序 号	以下哪个是完成"2. 创建 RAID5 卷"这个典型工作环节的正确的具体步骤?		正确与否 (正确打√, 错误打×)
1	(1)添加新硬盘—(2)磁盘分区—(3)创建 RAID5 卷—(4)格式化分区并建立文件系统—(5)磁盘挂载—(6)性能测试。		
2	(1)添加新硬盘—(2)重启系统—(3)使用 fdisk 命令进行分区—(4)使用 lsblk 命令查看分区结果。		
3	(1)添加新硬盘—(2)重启系统—(3)使用 fdisk 命令进行分区—(4)格式化分区并建立 Ext3 文件系统—(5)磁盘挂载。		
决策的评价	班 级		第 组	组长签字	
	教师签字		日 期		
	评语:				

Linux 系统管理与服务

4. 创建 RAID5 卷的实施单

学习情境三	Linux 文件系统和磁盘管理	学　时	3 学时
典型工作过程描述	1. 磁盘分区—**2. 创建 RAID5 卷**—3. 文件系统管理		

序　号	实施的具体步骤	注 意 事 项	学 生 自 评
1	添加 4 块硬盘。	共享目录的位置在/data 中。	
2	使用 fdisk 命令对磁盘进行分区。	先创建组，再在组中添加用户。	
3	使用 Madam 命令创建 RAID5 卷。		
4	格式化分区并建立文件系统。		
5	建立挂载点并挂载磁盘。		
6	测试 RAID5 卷的性能。		

实施说明：

1. 添加 4 块硬盘。

   fdisk -l

2. 使用 fdisk 命令对磁盘进行分区。

   Fdisk /dev/sdc ……

3. 使用 Madam 命令创建 RAID5 卷。

   mdadm -C /dev/md127 -ayes -l5 -n3 -x1 /dev/sd[c,b,d,s]5

4. 使用 RAID5 卷建立文件系统。

   mkfs -t ext3 -c /dev/md127

5. 建立挂载点并挂载磁盘。

   mkdir /mnt/md127

   mount /dev/md127 /mnt/md127

6. 测试 RAID5 卷的性能。

   mdadm /dev/md127 –fail /dev/sdc5

	班　级		第　　组	组长签字	
	教师签字		日　期		
实施的评价	评语：				

60

5. 创建 RAID5 卷的检查单

学习情境三	Linux 文件系统和磁盘管理	学 时	3 学时
典型工作过程描述	1. 磁盘分区—2. 创建 RAID5 卷—3. 文件系统管理		

序 号	检查项目 （具体步骤的检查）	检 查 标 准	小组自查 （检查是否完成以下步骤，完成打√，没完成打×）	小组互查 （检查是否完成以下步骤，完成打√，没完成打×）
1	添加 4 块硬盘。			
2	使用 fdisk 命令对磁盘进行分区。			
3	使用 Madam 命令创建 RAID5 卷。			
4	格式化分区并建立文件系统。			
5	建立挂载点并挂载磁盘。			
6	测试 RAID5 卷的性能。			
检查的评价	班　级		第　　组	组长签字
	教师签字		日　　期	
	评语：			

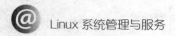

6. 创建 RAID5 卷的评价单

学习情境三	Linux 文件系统和磁盘管理	学　时	3 学时
典型工作过程描述	1. 磁盘分区—2. 创建 RAID5 卷—3. 文件系统管理		
评 价 项 目	评 分 维 度	组 长 评 分	教师评价
小组 1 创建 RAID5 卷的阶段性结果	合理、完整、高效		
小组 2 创建 RAID5 卷的阶段性结果	合理、完整、高效		
小组 3 创建 RAID5 卷的阶段性结果	合理、完整、高效		
小组 4 创建 RAID5 卷的阶段性结果	合理、完整、高效		
评价的评价	班　级　　　　　　　　　　　第　组　　组长签字 教师签字　　　　　　　　　　日　期 评语：		

任务三 文件系统管理

1. 文件系统管理的资讯单

学习情境三	Linux 文件系统和磁盘管理	学　时	3 学时
典型工作过程描述	1. 磁盘分区—2. 创建 RAID5 卷—3. 文件系统管理			
收集资讯的方式	1. 客户提供的《客户需求单》。 2. 教师提供的《学习性工作任务单》。 3. 观察教师示范。			
资讯描述	1. Linux 操作系统中常见的文件系统类型。 2. 访问权限。 3. 与访问权限相关的用户分类。 4. 文件修改权限。 5. 文件权限的字符表示。			
对学生的要求	1. 能根据《客户需求单》，读懂客户需求，分析出需要管理的文件。 2. 了解 Linux 文件系统类型。 3. 掌握设置或修改文件的权限。 4. 掌握用户访问文件权限的分类。			
参考资料	1. 程宁，吴丽萍，王兴宇. Linux 服务器搭建与管理[M]. 上海：上海交通大学出版社，2018。 2. Linux 服务器搭建与管理相关书籍，CSDN 论坛。			
资讯的评价	班　级 || 第　　组	组长签字	
^	教师签字 || 日　　期		
^	评语：				

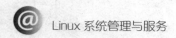

2. 文件系统管理的计划单

学习情境三	Linux 文件系统和磁盘管理	学　时	3 学时
典型工作过程描述	1. 磁盘分区—2. 创建 RAID5 卷—**3. 文件系统管理**		
计划制订的方式	1. 查看《客户需求单》。 2. 查看《学习性工作任务单》。		
序　号	具体工作步骤	注 意 事 项	
1	文件的访问权限。		
2	用户访问权限的分类。		
3	文件权限修改。		
计划的评价	班　级		第　　组	组长签字	
	教师签字		日　期		
	评语：				

3. 文件系统管理的决策单

学习情境三	Linux 文件系统和磁盘管理	学 时	3 学时
典型工作过程描述	1. 磁盘分区—2. 创建 RAID5 卷—**3. 文件系统管理**		
序 号	以下哪个是"文件权限的字符与数字"的正确表示？	正确与否（正确打√，错误打×）	
1	（读，r，4） （写，w，2） （执行，x，1）。		
2	（读，r，2） （写，w，2） （执行，x，4）。		
3	（读，r，4） （写，w，1） （执行，x，2）。		
决策的评价	班　级		第　组	组长签字	
	教师签字		日　期		
	评语：				

@ Linux 系统管理与服务

4. 文件系统管理的实施单

学习情境三	Linux 文件系统和磁盘管理		学　　时	3 学时
典型工作过程 描述	1. 磁盘分区—2. 创建 RAID5 卷—3. 文件系统管理			
序　　号	实施的具体步骤	注　意　事　项		学 生 自 评
1	Linux 系统中常见的文件系统类型。	Ext，SWaP，VFAT，NFS 的区别		
2	文件的访问权限。			
3	用户访问权限的分类。	文件所有者，文件所属组，其他用户 的分类。		
4	文件权限修改。	（读，r, 4）（写，w, 2）（执行，x，1）。		

实施说明：

1. 查看/etc/filesystems 文件的访问权限。

ll　filesystems

-rw -r - - r - - root root 70 8 月　12 2015　filesystems

2. 文件权限修改：

（1）u 表示文件拥有者，g 表示同组用户，o 表示其他用户，a 表示所有用户。

（2）+表示增加权限，-表示减少权限，=表示指定权限。

（3）r 表示可读权限，w 表示可写权限，x 表示可执行权限。

	班　　级		第　　组	组长签字	
	教师签字		日　　期		
实施的评价	评语：				

66

5. 文件系统管理的检查单

学习情境三	Linux 文件系统和磁盘管理	学　时	3 学时
典型工作过程描述	1. 磁盘分区—2. 创建 RAID5 卷—**3. 文件系统管理**		

序 号	检查项目 （具体步骤的检查）	检 查 标 准	小组自查 （检查是否完成以下步骤，完成打√，没完成打×）	小组互查 （检查是否完成以下步骤，完成打√，没完成打×）
1	是否能区分不同文件类型。	Ext，SWaP，VFAT，NFS 的区别。		
2	是否能区分访问权限的用户类型。	文件所有者，文件所属组，其他用户的分类。		
3	是否掌握文件权限的字符与数字表示。	（读，r，4）（写，w，2）（执行，x，1）。		
4	是否掌握文件权限修改的命令参数。	chmod 命令。		

检查的评价	班　级		第　组	组长签字	
	教师签字		日　期		
	评语：				

6. 文件系统管理的评价单

学习情境三	Linux 文件系统和磁盘管理	学　时	3 学时
典型工作过程描述	1. 磁盘分区—2. 创建 RAID5 卷—**3. 文件系统管理**		
评 价 项 目	评 分 维 度	组 长 评 分	教 师 评 价
小组 1 文件系统管理的阶段性结果	合理、完整、高效		
小组 2 文件系统管理的阶段性结果	合理、完整、高效		
小组 3 文件系统管理的阶段性结果	合理、完整、高效		
小组 4 文件系统管理的阶段性结果	合理、完整、高效		
评价的评价	班　级		第　组	组长签字	
	教师签字		日　期		
	评语：				

学习情境四　Linux 网络配置与管理

客户需求单

客户需求
Linux 操作系统下网络配置通常包括配置主机名、IP 地址、子网掩码、默认网关以及 DNS 服务器等，某公司新购一台服务器，已安装 Linux 操作系统，并且服务器上配置了两张网卡，现根据业务要求，分别要对两张网卡进行网络配置。

学习性工作任务单

学习情境四	Linux 网络配置与管理				学　　时		3 学时	
典型工作过程描述	1. Linux 网络配置—2. Linux 网络管理							
学习目标	1. 了解 Linux 网络配置方法。 2. 对比 Windows 系统和 Linux 系统中网络配置的区别。 3. 推导总结出 Linux 系统中网络配置与管理的具体方法。 4. 依据案例对 Linux 系统进行网络配置（双网卡）。 5. 使用相关命令对网络进行管理，有序进行实验操作。 6. 整理实验记录。							

任务描述	Linux 操作系统下网络配置通常包括配置主机名、IP 地址、子网掩码、默认网关以及 DNS 服务器等，某公司新购一台服务器，已安装 Linux 操作系统，并且服务器上配置了两张网卡，现根据业务要求，分别要对两张网卡进行网络配置。
	    1. 第一张网卡 192.168.100.254，255.255.255.0，192.168.100.1。
	    2. 第二张网卡 192.168.200.254，255.255.255.0，192.168.200.1。							

学时安排	资讯 0.2 学时		计划 0.2 学时	决策 0.2 学时	实施 2 学时		检查 0.2 学时	评价 0.2 学时
对学生的要求	1. 会使用虚拟网络编辑器，添加新网卡。 2. 熟悉网络配置文件的格式及各参数的表示方法。 3. 掌握双网卡的配置方法。 4. 掌握管理网络的相关命令。							
参考资料	1. 程宁，吴丽萍，王兴宇. Linux 服务器搭建与管理[M]. 上海：上海交通大学出版社，2018。 2. Linux 服务器搭建与管理相关书籍，CSDN 论坛。							
教学和学习 方式和流程	典型工作环节		教学和学习的方式					
	1. Linux 网络配置		资讯	计划	决策	实施	检查	评价
	2. Linux 网络管理		资讯	计划	决策	实施	检查	评价

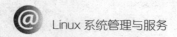
Linux 系统管理与服务

材料工具清单

学习情境四	Linux 网络配置与管理			学　时	3 学时	
典型工作过程描述	1. Linux 网络配置—2. Linux 网络管理					
典型工作过程	序　号	名　称	作　用	数　量	型　号	使 用 量	使 用 者
1. Linux 网络配置	1	VMware 软件	上课	1		1	学生
	2	CentOS7 系统	填表	1		1	学生
2. Linux 网络管理	3	CentOS7 系统	上课	1		1	学生
班　级		第　组		组长签字		
教师签字		日　期				

学习情境四 Linux 网络配置与管理

任务一 Linux 网络配置

1. Linux 网络配置的资讯单

学习情境四	Linux 网络配置与管理	学　时	3 学时
典型工作过程描述	**1. Linux 网络配置**—2. Linux 网络管理		
收集资讯的方式	1. 查看《客户需求单》。 2. 查看教师提供的《学习性工作任务单》。 3. 查看 Linux 服务器搭建与管理相关书籍。		
资讯描述	1. 根据《客户需求单》，打开电脑中的 VMware Workstation Pro 工具，并在该工具中打开____台 Linux 系统。 2. 使用虚拟网络编辑器添加网卡。 3. /etc/hosts 文件中 IP 和主机名映射关系。 4. /etc/sysconfig/network-scripts/ifcfg-eno 文件中网卡信息的配置参数。 5. 重启网卡。 6. 使用 ip addr 和 ping 命令进行测试。		
对学生的要求	1. 学会查看《客户需求单》。 2. 能知道应该安装哪些软件。 3. 会启动、停止、重启 Samba 服务等。		
参考资料	1. 程宁，吴丽萍，王兴宇. Linux 服务器搭建与管理[M]. 上海：上海交通大学出版社，2018。 2. Linux 服务器搭建与管理相关书籍，CSDN 论坛。		
资讯的评价	班　级		第　组	组长签字
^	教师签字		日　期	
^	评语：			

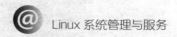

2. Linux 网络配置的计划单

学习情境四	Linux 网络配置与管理	学　时	3 学时
典型工作过程描述	**1. Linux** 网络配置—2. Linux 网络管理		
计划制订的方式	1. 查看《客户需求单》。 2. 查看《学习性工作任务单》。 3. 小组讨论。		

序　号	具体工作步骤	注　意　事　项
1	在虚拟机中添加新网卡。	选择仅主机模式,取消 DHCP 获取模式。
2	详解/etc/hosts 文件。	
3	/etc/sysconfig/network-scripts/ifcfg-eno 文件配置。	区分不同 IP 获取方式,要求配置书写的规范性。
4	重启网卡。	
5	使用 ip addr 和 ping 命令进行测试。	

	班　级		第　组	组长签字	
	教师签字		日　期		
计划的评价	评语:				

3. Linux 网络配置的决策单

学习情境四		Linux 网络配置与管理		学 时	3 学时
典型工作过程描述		**1. Linux 网络配置**—2. Linux 网络管理			
序 号	以下哪个是完成"1. Linux 网络配置"这个典型工作环节的正确的具体步骤?				正确与否（正确打√，错误打×）
1	（1）TYPE=网卡类型—（2）DEVICE=设备名称—（3）BOOTPROTO=IP 获取方式—（4）IPADDR=IP 地址—（5）NETMAS=子网掩码—（6）GATEWAY=网关—（7）ONBOOT=是否开机自启。				
2	（1）TYPE=网卡类型—（2）DEVICE=设备名称—（3）BOOTPROTO=是否开机自启—（4）IPADDR=IP 地址—（5）NETMAS=子网掩码—（6）GATEWAY=网关—（7）ONBOOT= IP 获取方式。				
3	（1）TYPE=网卡类型—（2）DEVICE=设备名称—（3）BOOTPROTO=IP 获取方式—（4）IPADDR=IP 地址—（5）NETMAS=网关—（6）GATEWAY=子网掩码—（7）ONBOOT=是否开机自启。				
决策的评价	班 级		第 组	组长签字	
	教师签字		日 期		
	评语:				

4. Linux 网络配置的实施单

学习情境四	Linux 网络配置与管理		学　时	3 学时
典型工作过程描述	**1. Linux 网络配置**—2. Linux 网络管理			
序　号	实施的具体步骤	注 意 事 项		学 生 自 评
1	在虚拟机中添加新网卡。	选择仅主机模式，取消 DHCP 获取模式。		
2	详解/etc/hosts 文件。			
3	/etc/sysconfig/network-scripts/ifcfg-eno 文件配置。	CentOS7 以前版本的文件以 ifcfg-eth 命名。		
4	重启网卡。			
5	使用 ip addr 和 ping 命令进行测试。			

实施说明：

1. 在虚拟机中添加新网卡。

选择仅主机模式，取消 DHCP 获取模式。

2. 详解/etc/hosts 文件。

第一部分：网络 IP 地址，第二部分：主机名或域名，第三部分：主机名别名。

3. /etc/sysconfig/network-scripts/ifcfg-eno 文件配置。

　1. TYPE=网卡类型—2. DEVICE=设备名称—3. BOOTPROTO=IP 获取方式—4. IPADDR=IP 地址—
5. NETMAS=子网掩码—6. GATEWAY=网关—7. ONBOOT=是否开机自启。

4. 重启网卡。

Systemctl restart network。

5. 使用 ip addr 和 ping 命令进行测试。

Ctrl+C 进行打断。

	班　级		第　组	组长签字	
	教师签字		日　期		
实施的评价	评语：				

5. Linux 网络配置的检查单

学习情境四	Linux 网络配置与管理	学 时	3 学时
典型工作过程描述	1. Linux 网络配置—2. Linux 网络管理		

序 号	检查项目 （具体步骤的检查）	检 查 标 准	小组自查 （检查是否完成以下步骤，完成打√，没完成打×）	小组互查 （检查是否完成以下步骤，完成打√，没完成打×）
1	虚拟网卡是否添加成功。	ip addr 命令查看。		
2	主机名和 IP 的映射是否成功。	用主机名 ping 网络互通。		
3	网卡配置文件是否书写正确。	网卡重启成功。		
4	网络是否通路。	ping 通路。		
5				

检查的评价	班 级		第　组	组长签字	
	教师签字		日　期		
	评语：				

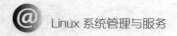

6. Linux 网络配置的评价单

学习情境四	Linux 网络配置与管理		学 时	3 学时
典型工作过程描述	1. Linux 网络配置—2. Linux 网络管理			
评价项目	评分维度	组长评分		教师评价
小组 1 Linux 网络配置的阶段性结果	合理、完整、高效			
小组 2 Linux 网络配置的阶段性结果	合理、完整、高效			
小组 3 Linux 网络配置的阶段性结果	合理、完整、高效			
小组 4 Linux 网络配置的阶段性结果	合理、完整、高效			
评价的评价	班 级		第 组	组长签字	
	教师签字		日 期		
	评语:				

76

任务二　Linux 网络管理

1. Linux 网络管理的资讯单

学习情境四	Linux 网络配置与管理	学　时	3 学时
典型工作过程描述	1. Linux 网络配置—2. Linux 网络管理		
收集资讯的方式	1. 客户提供的《客户需求单》。 2. 教师提供的《学习性工作任务单》。 3. 观察教师示范。		
资讯描述	1. ifconfig 命令是一个用来查看、配置、启用或禁用网络接口的命令。 2. hostname 命令用于显示系统和设备的主机名称。 3. route 命令用于建立一个静态路由表。 4. ping 命令用于测试网络通路。 5. arp 命令用于实现 IP 地址到 MAC 地址的转换。		
对学生的要求	1. 能根据《客户需求单》，读懂客户需求，分析出网络的状态及出现的问题。 2. 会使用 ifconfig 命令进行网络配置管理。 3. 会设置主机名。 4. 会建立静态路由表。 5. 会将 IP 地址转换成 MAC 地址，并使用 ping 命令测试网络通路。		
参考资料	1. 程宁，吴丽萍，王兴宇. Linux 服务器搭建与管理[M]. 上海：上海交通大学出版社，2018。 2. Linux 服务器搭建与管理相关书籍，CSDN 论坛。		
资讯的评价	班　级　　　　　　　　　　　第　组　　　组长签字 教师签字 日　期 评语：		

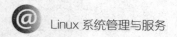

2. Linux 网络管理的计划单

学习情境四	Linux 网络配置与管理	学　时	3 学时
典型工作过程描述	1. Linux 网络配置—2. Linux 网络管理		
计划制订的方式	1. 查看《客户需求单》。 2. 查看《学习性工作任务单》。		

序　号	具体工作步骤	注　意　事　项
1	ifconfig 命令。	
2	hostname 命令。	
3	route 命令。	
4	ping 命令。	
5	arp 命令。	

	班　级		第　组	组长签字	
	教师签字		日　期		
计划的评价	评语：				

3. Linux 网络管理的决策单

学习情境四	Linux 网络配置与管理	学　时	3 学时
典型工作过程描述	1. Linux 网络配置—2. Linux 网络管理		
序　号	以下哪个是"2. Linux 网络管理"这个典型工作环节的正确表述？		正确与否 （正确打√， 错误打×）
1	在 CentOS 中，一般用 ifconfig 命令来查看网络接口状态。		
2	若要暂时禁用 eno16777736，则可使用命令 ifconfig eno16777736 cancel。		
3	可以通过 ping 命令实现路由追踪。		
4	hostname 命令可以永久修改主机名。		
决策的评价	班　级		第　组	组长签字	
^	教师签字		日　期		
^	评语：		

@ Linux 系统管理与服务

4. Linux 网络管理的实施单

学习情境四	Linux 网络配置与管理		学　　时	3 学时
典型工作过程描述	1. Linux 网络配置—**2. Linux 网络管理**			
序　　号	实施的具体步骤	注　意　事　项		学　生　自　评
1	ifconfig 命令。			
2	hostname 命令。	若要永久修改主机名，需要修改/etc/hosts 文件。		
3	route 命令。			
4	ping 命令。	Ctrl+C		
5	arp 命令。			

实施说明：

1. ifconfig 命令是一个用来查看、配置、启用或禁用网络接口的命令。例如：

[root@localhost ~]# ifconfig

eno16777736: flags=4163<UP,BROADCAST,RUNNING,MULTICAST>　 mtu 1500　 inet 192.168.30.10 netmask 255.255.255.0　 broadcast 192.168.30.255

2. hostname 命令用于显示系统和设备的主机名称。例如：

[root@localhost ~]# hostname controller

[root@localhost ~]# bash

3. route 命令用于建立一个静态路由表。例如：

route add -host 10.20.30.148 gw 10.20.30.40

4. ping 命令用于测试网络通路。用法为：

ping+目的地 IP 地址

5. arp 命令用于实现 IP 地址到 MAC 地址的转换。

	班　　级		第　　组	组长签字	
	教师签字		日　　期		
实施的评价	评语：				

80

5. Linux 网络管理的检查单

学习情境四		Linux 网络配置与管理		学　　时	3 学时
典型工作过程描述		1. Linux 网络配置—2. Linux 网络管理			
序　　号	检查项目 （具体步骤的检查）	检　查　标　准	小组自查 （检查是否完成以下步骤，完成打√，没完成打×）	小组互查 （检查是否完成以下步骤，完成打√，没完成打×）	
1	ifconfig 命令。	会查看网卡信息。			
2	hostname 命令。	能修改主机名。			
3	route 命令。	能建立静态路由表。			
4	ping 命令。	能测试网络通路。			
5	arp 命令。	能将 IP 地址转换成 MAC 地址。			
检查的评价	班　　级		第　　组	组长签字	
	教师签字		日　　期		
	评语：				

6. Linux 网络管理的评价单

学习情境四	Linux 网络配置与管理		学　时	3 学时
典型工作过程描述	1. Linux 网络配置—2. Linux 网络管理			
评 价 项 目	评 分 维 度	组 长 评 分		教 师 评 价
小组 1 Linux 网络管理的阶段性结果	合理、完整、高效			
小组 2 Linux 网络管理的阶段性结果	合理、完整、高效			
小组 3 Linux 网络管理的阶段性结果	合理、完整、高效			
小组 4 Linux 网络管理的阶段性结果	合理、完整、高效			
评价的评价	班　级		第　　组	组长签字	
	教师签字		日　期		
	评语：				

学习情境五　配置与管理 Samba 服务器

客户需求单

客户需求
通过 Samba 服务器实现 Windows/Linux 系统访问 Linux 的资源，实现两个系统间的数据交互。允许特定的 sales 组中的用户 test1 读写指定的目录/data/test1。Samba 服务器的 IP 地址为 192.168.1.104。

学习性工作任务单

学习情境五	配置与管理 Samba 服务器	学　　时	3 学时
典型工作过程描述	1. 安装并启动 Samba 服务器—2. 修改主配置文件—3. Samba 客户端访问服务测试		
学习目标	**1. 安装并启动 Samba 服务器的学习目标。** （1）安装 Samba 服务器。 （2）启动 Samba 服务器。 （3）停止 Samba 服务器。 （4）重启 Samba 服务器。 （5）设置 Samba 服务器为"开机自动启动"。 **2. 修改主配置文件的学习目标。** （1）设置工作组。 （2）设置计算机名。 （3）设置 Samba 服务器监听的网络接口。 （4）设置允许访问 Samba 服务器的网络或主机。 （5）设置 Samba 服务器用户认证方式。 （6）定义共享文件目录的位置。 **3. Samba 客户端访问服务测试的学习目标。** （1）使用 testparm 命令测试 Samba 服务器的设置是否正确。 （2）启动 Samba 服务器。 （3）关闭防火墙和 SELinux。		
任务描述	**1. 安装并启动 Samba 服务器：**第一，学生查看《客户需求单》，明白需要准备什么系统的虚拟机；第二，让学生安装 Samba 服务器；第三，启动 Samba 服务器；第四，停止 Samba 服务器；第五，重启 Samba 服务器；第六，设置 Samba 服务器为"开机自动启动"。 　　**2. 修改主配置文件：**第一，设置工作组；第二，设置计算机名；第三，设置 Samba 服务器监听的网络接口；第四，设置允许访问 Samba 服务器的网络或主机；第五，设置 Samba 服务器用户认证方式；第六，定义共享文件目录的位置。		

任务描述	3. Samba 客户端访问服务测试：第一，在 Linux 系统中使用 testparm 命令测试 Samba 服务器的设置是否正确；第二，启动 Samba 服务器；第三，关闭防火墙和 SELinux；第四，在 Windows 系统中验证共享文件信息。					
学时安排	资讯 0.2 学时	计划 0.2 学时	决策 0.2 学时	实施 2 学时	检查 0.2 学时	评价 0.2 学时
对学生的要求	1. 安装并启动 Samba 服务器：第一，学生查看《客户需求单》后，能读懂客户需求；第二，在填写检验单时，要具有一丝不苟的精神，对技术要求等认真查看填写。 　2. 修改主配置文件：第一，设置工作组；第二，设置计算机名；第三，设置 Samba 服务器监听的网络接口；第四，设置允许访问 Samba 服务器的网络或主机；第五，设置 Samba 用户认证方式；第六，定义共享文件目录的位置；第七，为 Samba 服务器添加固定 IP 地址。 　3. Samba 客户端访问服务测试：能够在 Linux 客户端访问到 Samba 服务共享文件目录；能够在 Windows 客户端访问到 Samba 服务共享文件目录。					
参考资料	1. 程宁，吴丽萍，王兴宇.Linux 服务器搭建与管理[M]. 上海：上海交通大学出版社，2018。 2.Linux 服务器搭建与管理相关书籍，CSDN 论坛。					

教学和学习方式和流程	典型工作环节	教学和学习的方式					
	1. 安装并启动 Samba 服务器	资讯	计划	决策	实施	检查	评价
	2. 修改主配置文件	资讯	计划	决策	实施	检查	评价
	3. Samba 客户端访问服务测试	资讯	计划	决策	实施	检查	评价

材料工具清单

学习情境五	配置与管理 Samba 服务器					学　时	3 学时	
典型工作过程描述	1. 安装并启动 Samba 服务器—2. 修改主配置文件—3. Samba 客户端访问服务测试							
典型工作过程	序　号	名　称	作　用	数　量	型　号	使　用　量	使用者	
1. 安装并启动 Samba 服务器	1	VMware 软件	上课	1		1	学生	
	2	CentOS7 系统	填表	1		1	学生	
2. 修改主配置文件	3	CentOS7 系统	上课	1		1	学生	
3. Samba 客户端访问服务测试	4	CentOS7 系统	上课	1		1	学生	
	5	Windows 系统	上课	1		1	学生	
班　级		第　组			组长签字			
教师签字		日　期						

任务一 安装并启动 Samba 服务器

1. 安装并启动 Samba 服务器的资讯单

学习情境五	配置与管理 Samba 服务器	学　　时	3 学时
典型工作过程描述	**1. 安装并启动 Samba 服务器**—2. 修改主配置文件—3. Samba 客户端访问服务测试			
收集资讯的方式	1. 查看《客户需求单》。 2. 查看教师提供的《学习性工作任务单》。 3. 查看 Linux 服务器搭建与管理相关书籍。			
资讯描述	1. 根据《客户需求单》，打开电脑中的 VMware Workstation Pro 工具，并在该工具中打开____台 Linux 系统，一台作为 Samba 服务器，一台作为客户机。 2. 安装 Samba 服务器： rpm -ivh samba-4.4.4-9.el7.x86_64.rpm rpm -ivh samba-common-4.4.4-9.el7.noarch.rpm 3. 启动 Samba 服务器的命令：_____。 4. 停止 Samba 服务器的命令：_____。 5. 重启 Samba 服务器的命令：_____。 6. 设置 Samba 服务器为"开机自动启动"的命令：_____。			
对学生的要求	1. 学会查看《客户需求单》。 2. 知道应该安装哪些软件。 3. 会启动、停止、重启 Samba 服务器等操作。			
参考资料	1. 程宁，吴丽萍，王兴宇. Linux 服务器搭建与管理[M]. 上海：上海交通大学出版社，2018。 2. Linux 服务器搭建与管理相关书籍，CSDN 论坛。			
资讯的评价	班　级		第　　组	组长签字	
^	教师签字		日　　期		
^	评语：				

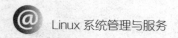

2. 安装并启动 Samba 服务器的计划单

学习情境五	配置与管理 Samba 服务器	学 时	3 学时
典型工作过程描述	**1. 安装并启动 Samba 服务器**—2. 修改主配置文件—3. Samba 客户端访问服务测试		
计划制订的方式	1. 查看《客户需求单》。 2. 查看《学习性工作任务单》。 3. 小组讨论。		
序 号	具体工作步骤	注 意 事 项	
1	安装 Samba 服务器。	打开 CentOS 7 系统前，在虚拟机设置中对 CD/DVD 进行设置，选择使用 ISO 映像文件。	
2	启动 Samba 服务器。		
3	停止 Samba 服务器。		
4	重启 Samba 服务器。		
5	设置 Samba 服务器为"开机自动启动"。	可以通过 chkconfig --list |grep smb 查看是否为"开机自动启动"。	
	班 级		第 组	组长签字	
	教师签字		日 期		
计划的评价	评语：				

3. 安装并启动 Samba 服务器的决策单

学习情境五	配置与管理 Samba 服务器	学　时	3 学时
典型工作过程描述	**1. 安装并启动 Samba 服务器**—2. 修改主配置文件—3. Samba 客户端访问服务测试		
序　号	以下哪个是完成"1. 安装并启动 Samba 服务器"这个典型工作环节的正确的具体步骤？		正确与否（正确打√，错误打×）
1	（1）启动 Samba 服务器—（2）重启 Samba 服务器—（3）设置 Samba 服务器为"开机自动启动"—（4）停止 Samba 服务器—（5）安装 Samba 服务器。		
2	（1）安装 Samba 服务器—（2）重启 Samba 服务器—（3）启动 Samba 服务器—（4）停止 Samba 服务器—（5）设置 Samba 服务器为"开机自动启动"。		
3	（1）安装 Samba 服务器—（2）启动 Samba 服务器—（3）重启 Samba 服务器—（4）停止 Samba 服务器—（5）设置 Samba 服务器为"开机自动启动"。		
4	（1）重启 Samba 服务器—（2）启动 Samba 服务器—（3）安装 Samba 服务器—（4）停止 Samba 服务器—（5）设置 Samba 服务器为"开机自动启动"。		
决策的评价	班　级		第　组	组长签字	
	教师签字		日　期		
	评语：				

Linux 系统管理与服务

4. 安装并启动 Samba 服务器的实施单

学习情境五	配置与管理 Samba 服务器		学 时	3 学时
典型工作过程描述	**1.** 安装并启动 **Samba** 服务器—2. 修改主配置文件—3. Samba 客户端访问服务测试			
序 号	实施的具体步骤	注 意 事 项		学 生 自 评
1		打开 CentOS 7 系统前，在虚拟机设置中对 CD/DVD 进行设置，选择使用 ISO 映像文件。		
2				
3				
4				
5		可以通过 chkconfig --list |grep smb 查看是否为"开机自动启动"。		

实施说明：

1. 查看《客户需求单》后，首先打开电脑中的 VMware Workstation Pro 工具。

2. 打开 CentOS 7 系统前，在虚拟机设置中对 CD/DVD 进行设置，选择使用 ISO 映像文件。

3. 通过小组讨论，填写决策单。

4. 安装并启动 Samba 服务器。

5. 设置 Samba 服务器为"开机自动启动"的命令：＿＿＿＿＿＿＿＿。

	班 级		第 组	组长签字	
	教师签字		日 期		
实施的评价	评语：				

5. 安装并启动 Samba 服务器的检查单

学习情境五	配置与管理 Samba 服务器	学 时	3 学时
典型工作过程描述	**1. 安装并启动 Samba 服务器**—2. 修改主配置文件—3. Samba 客户端访问服务测试		

序 号	检查项目 （具体步骤的检查）	检 查 标 准	小组自查 （检查是否完成以下步骤，完成打√，没完成打×）	小组互查 （检查是否完成以下步骤，完成打√，没完成打×）
1	安装 Samba 服务器。	安装了 Samba 服务器相关软件。		
2	启动 Samba 服务器。	能够使用命令开启 Samba 服务器。		
3	停止 Samba 服务器。	能够使用命令关闭 Samba 服务器。		
4	重启 Samba 服务器。	能够使用命令重启 Samba 服务器。		
5	设置 Samba 服务器为"开机自动启动"。	能够使用 chkconfig 命令查看自动加载 Samba 服务器。		

	班 级		第 组	组长签字	
	教师签字		日 期		
检查的评价	评语：				

6. 安装并启动 Samba 服务器的评价单

学习情境五	配置与管理 Samba 服务器		学　　时	3 学时
典型工作过程描述	1. 安装并启动 **Samba** 服务器—2. 修改主配置文件—3. Samba 客户端访问服务测试			
评 价 项 目	评 分 维 度	组 长 评 分		教 师 评 价
小组 1 安装并启动 Samba 服务器的阶段性结果	合理、完整、高效			
小组 2 安装并启动 Samba 服务器的阶段性结果	合理、完整、高效			
小组 3 安装并启动 Samba 服务器的阶段性结果	合理、完整、高效			
小组 4 安装并启动 Samba 服务器的阶段性结果	合理、完整、高效			
评价的评价	班　　级		第　　组	组长签字	
^	教师签字		日　　期		
^	评语：			

学习情境五　配置与管理 Samba 服务器

任务二　修改主配置文件

1. 修改主配置文件的资讯单

学习情境五	配置与管理 Samba 服务器	学　　时	3 学时
典型工作过程描述	1. 安装并启动 Samba 服务器—**2. 修改主配置文件**—3. Samba 客户端访问服务测试		
收集资讯的方式	1. 查看客户提供的《客户需求单》。 2. 查看教师提供的《学习性工作任务单》。 3. 观察教师示范。		
资讯描述	1. 创建共享文件目录：_____。 2. 创建本地用户和组：_____。 3. 添加 Samba 用户并设置口令。 4. 修改文件所有者权限（设置权限）。 5. 修改主配置文件：_____。 6. 给 Samba 服务器配置固定 IP 地址：_____。		
对学生的要求	1. 学生能根据《客户需求单》，读懂客户需求，分析出需要创建的共享文件目录_____和需要创建的用户和组。 2. 给用户设置口令。 3. 修改文件所有者权限。 4. 修改主配置文件。 5. 给 Samba 服务器配置固定 IP 地址。		
参考资料	1. 程宁，吴丽萍，王兴宇. Linux 服务器搭建与管理[M]. 上海：上海交通大学出版社，2018。 2. Linux 服务器搭建与管理相关书籍，CSDN 论坛。		
资讯的评价	班　级		第　　组	组长签字	
	教师签字		日　　期		
	评语：				

91

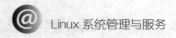

2. 修改主配置文件的计划单

学习情境五	配置与管理 Samba 服务器	学　时	3 学时
典型工作过程描述	1. 安装并启动 Samba 服务器—**2. 修改主配置文件**—3. Samba 客户端访问服务测试			
计划制订的方式	1. 查看《客户需求单》。 2. 查看《学习性工作任务单》。			
序　号	具体工作步骤	注 意 事 项		
1	创建共享文件目录。			
2	创建本地用户和组。			
3	添加 Samba 用户并设置口令。			
4	修改文件所有者权限（设置权限）。			
5	修改主配置文件。	修改完配置文件一定要重启 Samba 服务器（以使配置生效）。		
6	给 Samba 服务器配置固定 IP 地址。			
计划的评价	班　级		第　组	组长签字
^	教师签字		日　期	
^	评语：			

3. 修改主配置文件的决策单

学习情境五	配置与管理 Samba 服务器	学　时	3 学时
典型工作过程描述	1. 安装并启动 Samba 服务器—2. 修改主配置文件—3. Samba 客户端访问服务测试		

序　号	以下哪个是完成"2. 修改主配置文件"这个典型工作环节的正确的具体步骤？	正确与否（正确打√，错误打×）
1	（1）修改主配置文件—（2）创建本地用户和组—（3）添加 Samba 用户并设置口令—（4）修改文件所有者权限。	
2	（1）创建本地用户和组—（2）修改主配置文件—（3）添加 Samba 用户并设置口令—（4）修改文件所有者权限。	
3	（1）添加 Samba 用户并设置口令—（2）创建本地用户和组—（3）修改主配置文件—（4）修改文件所有者权限。	
4	（1）修改文件所有者权限—（2）添加 Samba 用户并设置口令—（3）创建本地用户和组—（4）修改主配置文件。	
决策的评价	班　级 　　　　　　　　第　组　　　组长签字 教师签字　　　　　　　　日　期 评语：	

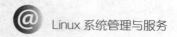

4. 修改主配置文件的实施单

学习情境五	配置与管理 Samba 服务器		学　时	3 学时
典型工作过程描述	1. 安装并启动 Samba 服务器—2. 修改主配置文件—3. Samba 客户端访问服务测试			
序　号	实施的具体步骤	注　意　事　项		学　生　自　评
1		共享文件目录的位置在 /data 中。		
2		先创建组，再在组中添加用户。		
3				
4				
5		修改完配置文件一定要重启 Samba 服务器（以使配置生效）。		
6				

实施说明：

1. 创建共享文件目录。

[root@fanhui samba]#_____

2. 创建本地用户和组。

[root@fanhui samba]#　_____

[root@fanhui samba]#　_____

3. 添加 Samba 用户并设置口令。

[root@fanhui samba]#　_____

4. 修改文件所有者权限。

[root@fanhui samba]#　_____

5. 修改主配置文件。

vi /etc/samba/smb.conf_____

转到末尾，加入以下信息：

[test1]

path = /data/test1　　　　　　#定义共享文件目录的位置

writeable = yes　　　　　　　#共享文件目录是否可写，yes 可写

browseable = yes　　　　　　#共享文件目录是否可以浏览

valid users = @sales　　　　　#设置哪些用户可以访问

6. 给 Samba 服务器配置固定 IP 地址。

[root@localhost ~]# _____

实施的评价	班　　级		第　　组	组长签字	
	教师签字		日　　期		
	评语：				

5. 修改主配置文件的检查单

学习情境五	配置与管理 Samba 服务器	学 时	3学时
典型工作过程描述	1. 安装并启动 Samba 服务器—2. 修改主配置文件—3. Samba 客户端访问服务测试		
序 号	检查项目（具体步骤的检查）	检 查 标 准	小组自查（检查是否完成以下步骤，完成打√，没完成打×）	小组互查（检查是否完成以下步骤，完成打√，没完成打×）
1	创建共享文件目录。	在 /data 下创建了目录 test1。		
2	创建本地用户和组。	创建了组 sales, 并在 sales 组中创建了本地用户 test1。		
3	添加 Samba 用户并设置口令。	给本地用户 test1 设置密码。		
4	修改文件所有者权限（设置权限）。	修改文件所有者的权限。		
5	修改主配置文件。	按用户需求修改主配置文件。		
检查的评价	班　级		第　　组	组长签字
	教师签字		日　　期	
	评语：			

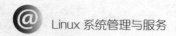

6. 修改主配置文件的评价单

学习情境五	配置与管理 Samba 服务器		学 时	3 学时
典型工作过程描述	1. 安装并启动 Samba 服务器—2. 修改主配置文件—3. Samba 客户端访问服务测试			
评价项目	评分维度	组长评分		教师评价
小组1 修改主配置文件的阶段性结果	合理、完整、高效				
小组2 修改主配置文件的阶段性结果	合理、完整、高效				
小组3 修改主配置文件的阶段性结果	合理、完整、高效				
小组4 修改主配置文件的阶段性结果	合理、完整、高效				
评价的评价	班 级		第 组	组长签字	
:::	教师签字		日 期		
:::	评语：				

任务三 Samba 客户端访问服务测试

1. Samba 客户端访问服务测试的资讯单

学习情境五	配置与管理 Samba 服务器	学　时	3 学时
典型工作过程描述	1. 安装并启动 Samba 服务器—2. 修改主配置文件—**3. Samba 客户端访问服务测试**		
收集资讯的方式	1. 查看《客户需求单》。 2. 查看教师提供的《学习性工作任务单》。		
资讯描述	1. 在 Linux 客户端配置 IP 地址,并访问到 Samba 服务器共享文件目录。 2. 在 Windows 客户端配置 IP 地址,并访问到 Samba 服务器共享文件目录。		
对学生的要求	1. 能够在 Linux 客户端访问到 Samba 服务器共享文件目录。 2. 能够在 Windows 客户端访问到 Samba 服务器共享文件目录。		
参考资料	1. 程宁,吴丽萍,王兴宇. Linux 服务器搭建与管理[M]. 上海:上海交通大学出版社,2018。 2. Linux 服务器搭建与管理相关书籍,CSDN 论坛。		
资讯的评价	班　级		第　组	组长签字	
	教师签字		日　期		
	评语:				

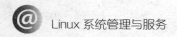

2. Samba 客户端访问服务测试的计划单

学习情境五	配置与管理 Samba 服务器		学　时	3 学时
典型工作过程描述	1. 安装并启动 Samba 服务器—2. 修改主配置文件—**3. Samba 客户端访问服务测试**				
计划制订的方式	1. 查看教师提供的教学资料。 2. 通过资料自行试操作。				
序　号	具体工作步骤		注　意　事　项		
1	在 Linux 客户端访问 Samba 共享文件目录。		客户端 IP 地址要与 Samba 服务器 IP 地址处于同一网段。		
2	在 Windows 客户端访问 Samba 共享文件目录。		客户端 IP 地址要与 Samba 服务器 IP 地址处于同一网段。		
计划的评价	班　级		第　组	组长签字	
^	教师签字		日　期		
^	评语：				

3. Samba 客户端访问服务测试的决策单

学习情境五	配置与管理 Samba 服务器的配置	学　时	3 学时
典型工作过程描述	1．安装并启动 Samba 服务器—2．修改主配置文件—3．Samba 客户端访问服务测试		
序　号	以下哪个是完成"3．Samba 客户端访问服务测试"这个典型工作环节的正确的具体步骤？	正确与否（正确打√，错误打×）	
1	（1）在 Linux 客户端访问 Samba 共享文件目录—（2）在 Windows 客户端访问 Samba 共享文件目录。		
2	（1）在 Windows 客户端访问 Samba 共享文件目录—（2）在 Linux 客户端访问 Samba 共享文件目录。		
决策的评价	班　级		第　组	组长签字	
	教师签字		日　期		
	评语：				

@ Linux 系统管理与服务

4. Samba 客户端访问服务测试的实施单

学习情境五	配置与管理 Samba 服务器	学　时	3 学时
典型工作过程描述	1. 安装并启动 Samba 服务器—2. 修改主配置文件—**3. Samba 客户端访问服务测试**		

序　号	实施的具体步骤	注　意　事　项	学　生　自　评
1	在 Linux 客户端访问 Samba 共享文件目录。	客户端 IP 地址要与 Samba 服务器 IP 地址处于同一网段。	
2	在 Windows 客户端访问 Samba 共享文件目录。	客户端 IP 地址要与 Samba 服务器 IP 地址处于同一网段。	

实施说明：

1. Linux 客户端访问 Samba 服务器共享文件目录。

如果 Linux 客户端要访问 Samba 服务器，首先需要安装 Samba 客户端软件和公共文件两个软件。

（1）使用 smbclient 工具。

命令格式：smbclient //Samba 服务器 IP 地址/共享文件目录名 -U Windows 用户名

例如：[root@fanhui samba]# smbclient //192.168.1.104/windows -U fanhui

#如果不知道服务器上的共享资源名称，可以使用如下命令：

[root@fanhui samba]# smbclient -L //192.168.1.104 -U fanhui

（2）使用 mount 命令。

mount 命令除了可以挂载本地资源，还可以把远程服务器上的共享资源挂载到本地目录上，就像使用本地文件一样，非常方便。

mount -t smbfs -o username=用户名,password=口令 //远程服务器 IP 地址/共享目录/本地目录

例如：[root@fanhui ~]# mount -t cifs -o　username=fanhui,password=74****

　　　　//192.168.1.104/windows /mnt/smb

　　　　[root@fanhui ~]# cd /mnt/smb

2. Windows 客户端访问 Samba 服务器共享文件目录。

打开 Windows 的资源管理器，输入 "\\samba 服务器地址"，按【Enter】键，打开用户名和密码验证界面，输入用户名和密码，验证成功后可以看到共享文件目录。

	班　级		第　组		组长签字	
	教师签字		日　期			
实施的评价	评语：					

100

5. Samba 客户端访问服务测试的检查单

学习情境五	配置与管理 Samba 服务器	学 时	3 学时
典型工作过程描述	1. 安装并启动 Samba 服务器—2. 修改主配置文件—3. Samba 客户端访问服务测试		

序 号	检查项目（具体步骤的检查）	检 查 标 准	小组自查（检查是否完成以下步骤，完成打√，没完成打×）	小组互查（检查是否完成以下步骤，完成打√，没完成打×）
1	在 Linux 客户端访问 Samba 共享文件目录。	能够访问到 Samba 共享文件。		
2	在 Windows 客户端访问 Samba 共享文件目录。	能够访问到 Samba 共享文件。		
检查的评价	班 级		第 组	组长签字	
	教师签字		日 期		
	评语：				

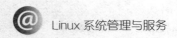

6. Samba 客户端访问服务测试的评价单

学习情境五	配置与管理 Samba 服务器		学 时	3 学时
典型工作过程描述	1. 安装并启动 Samba 服务器—2. 修改主配置文件—**3. Samba 客户端访问服务测试**			
评价项目	评分维度	组长评分		教师评价
小组 1 Samba 客户端访问服务测试的阶段性结果	美观、时效、完整			
小组 2 Samba 客户端访问服务测试的阶段性结果	美观、时效、完整			
小组 3 Samba 客户端访问服务测试的阶段性结果	美观、时效、完整			
小组 4 Samba 客户端访问服务测试的阶段性结果	美观、时效、完整			
	班 级		第　　组	组长签字	
	教师签字		日　　期		
评价的评价	评语:				

学习情境六 配置与管理 NFS 服务器

客户需求单

客户需求
1. 共享/share 目录，供 192.168.1.0/24 网段的客户机进行读写，而网络中的其他主机只能读取该目录。NFS 服务器的 IP 地址为 192.168.1.1。   2. 根据企业要求，完成 NFS 服务器和客户机的创建。

学习性工作任务单

学习情境六	配置与管理 NFS 服务器	学　时	4 学时
典型工作过程 描述	1. 配置 NFS 服务器—2. 配置 NFS 客户端		
学习目标	**1. 配置 NFS 服务器的学习目标。** 　（1）安装软件。 　（2）启动服务。 　（3）创建共享文件。 　（4）修改主配置文件（/etc/exports）。 　（5）重启 NFS 服务器使配置生效。 　（6）给 NFS 服务器配置固定 IP 地址。 　（7）查看本地共享。 **2. 配置 NFS 客户端的学习目标。** 　（1）给客户机配置 IP 地址。 　（2）查看 NFS 服务器的共享文件目录。 　（3）创建本地挂载点。 　（4）将 NFS 服务器的共享文件目录挂载到本机。 　（5）查看是否挂载成功。		
任务描述	**1. 配置 NFS 服务器：** 第一，让学生查看《客户需求单》后，准备 NFS 服务器虚拟机，并在虚拟机上安装软件；第二，让学生启动 NFS 服务器；第三，创建共享文件；第四，修改主配置文件，将共享文件目录写入配置文件中；第五，重启 NFS 服务器，使配置信息生效；第六，修改网卡配置文件，给 NFS 服务器配置固定 IP 地址；第七，查看本地共享是否成功。 **2. 配置 NFS 客户端：** 第一，给客户机配置 IP 地址，使其处在 192.168.1.0 网段，并做与 NFS 服务器的 ping 通测试；第二，查看 NFS 服务器的共享文件目录，创建本地挂载点；第三，将 NFS 服务器的共享文件目录挂载到本机；第四，查看是否挂载成功。		

学时安排	资讯 0.4 学时	计划 0.4 学时	决策 0.4 学时	实施 2 学时	检查 0.4 学时	评价 0.4 学时
对学生的要求	**1. 配置 NFS 服务器**：第一，能够安装、启动和停止 NFS 服务器；第二，修改配置文件/etc/exports。 **2. 配置 NFS 客户端**：第一，能够查看 NFS 服务器中的输出目录；第二，能够创建本地挂载点；第三，能够将 NFS 服务器的共享文件目录挂载到本机；第四，能够查看是否挂载成功。					
参考资料	1. 程宁，吴丽萍，王兴宇. Linux 服务器搭建与管理[M]. 上海：上海交通大学出版社，2018。 2. Linux 服务器搭建与管理相关书籍，CSDN 论坛。					
教学和学习 方式和流程	**典型工作环节**	**教学和学习的方式**				
	1. 配置 NFS 服务器	资讯	计划	决策	实施	检查	评价
	2. 配置 NFS 客户端	资讯	计划	决策	实施	检查	评价

材料工具清单

学习情境六		配置与管理 NFS 服务器				学　时		4 学时
典型工作过程描述		1. 配置 NFS 服务器—2. 配置 NFS 客户端						
典型 工作过程	序　号	名　　称	作　用	数　量	型　号		使 用 量	使 用 者
1. 配置 NFS 服务器	1	VMware 软件	上课实训	1			1	学生
	2	CentOS7 系统	上课实训	1			1	学生
2. 配置 NFS 客户端	3	CentOS7 系统	上课实训	1			1	学生
班　级		第　组			组长签字			
教师签字		日　期						

任务一　配置 NFS 服务器

1. 配置 NFS 服务器的资讯单

学习情境六	配置与管理 NFS 服务器	学　时	4 学时
典型工作过程描述	**1. 配置 NFS 服务器**—2. 配置 NFS 客户端		
收集资讯的方式	1. 查看《客户需求单》。 2. 查看教师提供的《学习性工作任务单》。		
资讯描述	1. 为了实现类 Unix 系统之间实现资源共享，进行 NFS 服务器的搭建。 2. 让学生查看《客户需求单》后，明确客户需求。 3. 如何搭建 NFS 服务器。 4. 如何修改配置信息。		
对学生的要求	1. 能安装、启动和停止 NFS 服务器。 2. 能修改配置文件＿＿＿＿＿＿。		
参考资料	1. 程宁，吴丽萍，王兴宇. Linux 服务器搭建与管理[M]. 上海：上海交通大学出版社，2018。 2. Linux 服务器搭建与管理相关书籍，CSDN 论坛。		
资讯的评价	班　级		第　　组	组长签字	
	教师签字		日　　期		
	评语：				

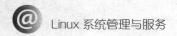

2. 配置 NFS 服务器的计划单

学习情境六	配置与管理 NFS 服务器	学 时	4 学时
典型工作过程描述	**1. 配置 NFS 服务器—2. 配置 NFS 客户端**		
计划制订的方式	1. 查看《客户需求单》。 2. 查看《学习性工作任务单》。		

序 号	具体工作步骤	注 意 事 项
1	安装软件。	
2	启动服务。	
3	创建共享文件。	明确创建文件的位置和名称。
4	修改主配置文件。	
5	重启 NFS 服务器使配置生效。	重启 NFS 服务器后,配置文件才会生效。
6	给 NFS 服务器配置固定 IP 地址。	在网卡的配置文件中给 NFS 服务器配置固定 IP 地址。
7	查看本地共享文件。	

	班 级		第 组	组长签字	
	教师签字		日 期		
计划的评价	评语:				

3. 配置 NFS 服务器的决策单

学习情境六	配置与管理 NFS 服务器	学 时	4 学时
典型工作过程描述	1. 配置 NFS 服务器—2. 配置 NFS 客户端		

序 号	以下哪个是完成"1. 配置 NFS 服务器"这个典型工作环节的 正确的具体步骤？	正确与否 （正确打√，错 误打×）
1	（1）安装软件—（2）启动 NFS 服务器—（3）修改主配置文件—（4）创建共享文件—（5）查看本地共享文件—（6）创建共享文件—（7）给 NFS 服务器配置固定 IP 地址。	
2	（1）安装软件—（2）启动 NFS 服务器—（3）创建共享文件—（4）修改主配置文件—（5）重启 NFS 服务器使配置生效—（6）给 NFS 服务器配置固定 IP 地址—（7）查看本地共享文件。	
3	（1）创建共享文件—（2）查看本地共享文件—（3）修改主配置文件—（4）安装软件—（5）启动 NFS 服务器—（6）创建共享文件—（7）给 NFS 服务器配置固定 IP 地址。	
4	（1）查看本地共享文件—（2）修改主配置文件—（3）重启 NFS 服务器使配置生效—（4）启动 NFS 服务器—（5）安装软件—（6）创建共享文件—（7）给 NFS 服务器配置固定 IP 地址。	

决策的评价	班 级		第 组		组长签字	
	教师签字		日 期			
	评语：					

Linux 系统管理与服务

4. 配置 NFS 服务器的实施单

学习情境六	配置与管理 NFS 服务器		学　时	4 学时
典型工作过程描述	**1. 配置 NFS 服务器—2. 配置 NFS 客户端**			
序　号	实施的具体步骤	注 意 事 项		学 生 自 评
1				
2				
3		明确创建文件的位置和名称。		
4				
5		重启 NFS 服务器后，配置文件才会生效。		
6		在网卡的配置文件中给 NFS 服务器配置固定 IP 地址。		
7				

实施说明：

1. 安装 NFS 服务器：＿＿＿＿＿＿＿＿＿＿＿＿＿＿

2. 启动 NFS 服务器：＿＿＿＿＿＿＿＿＿＿＿＿＿＿

3. 创建共享文件：＿＿＿＿＿＿＿＿＿＿＿＿＿＿

4. 修改 NFS 服务器配置文件：

[root@localhost ~]#＿＿＿＿＿＿＿＿＿＿＿＿

/share　192.168.1.0/24(sync,ro)　//将根目录下的 share 文件共享给 192.168.1.0 网段的用户机，且只有读取权限

/home　　192.168.1.0/24(rw,sync,no_root_squash,no_subtree_check)

/var/nfs　192.168.1.0/24(rw,sync,no_subtree_check) ；

5. 重启 NFS 服务器使配置生效：

[root@localhost ~]#　＿＿＿＿＿＿＿＿＿＿＿＿＿

6. 给 NFS 服务器配置固定 IP 地址：

[root@localhost ~]#＿＿＿＿＿＿＿＿＿＿＿＿＿＿

7. 查看本地共享文件：

[root@localhost ~]#　＿＿＿＿＿＿＿＿＿＿＿＿＿

实施的评价	班　级		第　　组	组长签字	
	教师签字		日　期		
	评语：				

108

5. 配置 NFS 服务器的检查单

学习情境六	配置与管理 NFS 服务器	学 时	4 学时
典型工作过程描述	1. 配置 NFS 服务器—2. 配置 NFS 客户端		

序 号	检查项目（具体步骤的检查）	检 查 标 准	小组自查（检查是否完成以下步骤，完成打√，没完成打×）	小组互查（检查是否完成以下步骤，完成打√，没完成打×）
1	安装软件。			
2	启动 NFS 服务器。			
3	创建共享文件。			
4	修改主配置文件。			
5	重启 NFS 服务器使配置生效。			
6	给 NFS 服务器配置固定 IP 地址。			
7	查看本地共享文件。			
检查的评价	班　级		第　组	组长签字
	教师签字		日　期	
	评语：			

6. 配置 NFS 服务器的评价单

学习情境六	配置与管理 NFS 服务器		学　　时	4 学时
典型工作过程描述	1. 配置 NFS 服务器—2. 配置 NFS 客户端			
评 价 项 目	评 分 维 度	组 长 评 分		教 师 评 价
小组 1 配置 NFS 服务器的阶段性结果	合理、完整、高效			
小组 2 配置 NFS 服务器的阶段性结果	合理、完整、高效			
小组 3 配置 NFS 服务器的阶段性结果	合理、完整、高效			
小组 4 配置 NFS 服务器的阶段性结果	合理、完整、高效			
评价的评价	班　级		第　　组	组长签字	
	教师签字		日　期		
	评语：				

任务二　配置 NFS 客户端

1. 配置 NFS 客户端的资讯单

学习情境六	配置与管理 NFS 服务器	学　　时	4 学时
典型工作过程描述	1. 配置 NFS 服务器—**2. 配置 NFS 客户端**		
收集资讯的方式	1. 查看《客户需求单》。 2. 查看教师提供的《学习性工作任务单》。		
资讯描述	1. 查看 NFS 服务器中的输出目录。 2. 创建本地挂载点。 3. 将 NFS 服务器的共享目录挂载到本机。 4. 查看共享目录是否挂载成功。		
对学生的要求	1. 能够查看 NFS 服务器中的输出目录。 2. 能够创建本地挂载点。 3. 能够将 NFS 服务器的共享目录挂载到本机。 4. 能够查看共享目录是否挂载成功。		
参考资料	1. 程宁，吴丽萍，王兴宇. Linux 服务器搭建与管理[M]. 上海：上海交通大学出版社，2018。 2. Linux 服务器搭建与管理相关书籍，CSDN 论坛。		
资讯的评价	班　　级		第　　组	组长签字	
	教师签字		日　　期		
	评语：				

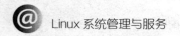

2. 配置 NFS 客户端的计划单

学习情境六	配置与管理 NFS 服务器	学 时	4 学时
典型工作过程描述	1. 配置 NFS 服务器—2. 配置 NFS 客户端		
计划制订的方式	1. 请教教师。 2. 小组讨论。		

序 号	具体工作步骤	注 意 事 项
1	查看 NFS 服务器中的输出目录。	
2	创建本地挂载点。	
3	将 NFS 服务器的共享目录挂载到本机。	
4	查看是否挂载成功。	

	班 级		第 组	组长签字	
	教师签字		日 期		
计划的评价	评语：				

3. 配置 NFS 客户端的决策单

学习情境六		配置与管理 NFS 服务器		学　时	4 学时
典型工作过程描述		1. 配置 NFS 服务器—**2. 配置 NFS 客户端**			
计　划　对　比					
序　号		以下哪个是完成"2.配置 NFS 客户端"这个典型工作环节的 正确的具体步骤？			正确与否 （正确打√， 错误打×）	
1		（1）创建本地挂载点—（2）将 NFS 服务器的共享目录挂载到本机—（3）查看是否挂载成功—（4）查看 NFS 服务器中的输出目录。				
2		（1）将 NFS 服务器的共享目录挂载到本机—（2）创建本地挂载点—（3）查看 NFS 服务器中的输出目录—（4）查看是否挂载成功。				
3		（1）查看是否挂载成功—（2）查看 NFS 服务器中的输出目录—（3）创建本地挂载点—（4）将 NFS 服务器的共享目录挂载到本机。				
4		（1）查看 NFS 服务器中的输出目录—（2）创建本地挂载点—（3）将 NFS 服务器的共享目录挂载到本机—（4）查看是否挂载成功。				
决策的评价	班　级		第　组	组长签字	
^	教师签字		日　期		
^	评语：				

@ Linux 系统管理与服务

4. 配置 NFS 客户端的实施单

学习情境六	配置与管理 NFS 服务器		学 时	4 学时
典型工作过程描述	1. 配置 NFS 服务器—2. 配置 NFS 客户端			
序 号	实施的具体步骤	注 意 事 项	学 生 自 评	
1	查看 NFS 服务器中的输出目录。	showmount -e IP 中的 IP 是 NFS 服务器的 IP 地址。		
2	创建本地挂载点。			
3	将 NFS 服务器的共享目录挂载到本机。			
4	查看是否挂载成功。			
5	查看 NFS 服务器中的输出目录。			

实施说明：

1. 使用克隆技术将虚拟机中准备好的 Linux 操作系统克隆出一台，作为 NFS 客户机，并开机。

2. 创建本地挂载点。

[root@localhost network-scripts]# _____

3. 使用命令挂载 NFS 共享。

[root@localhost network-scripts]# _____

4. 查看挂载信息。

[root@localhost network-scripts]# df -hT

5. 进入挂载点/mnt/test，查看共享目录。

[root@localhost network-scripts]# _____   /mnt/test/

[root@localhost test]# ls

实施的评价	班 级		第 组	组长签字	
	教师签字		日 期		
	评语：				

114

5. 配置 NFS 客户端的检查单

学习情境六	配置与管理 NFS 服务器		学　　时	4 学时
典型工作过程描述	1. 配置 NFS 服务器—**2. 配置 NFS 客户端**			
序　号	检查项目 （具体步骤的检查）	检 查 标 准	小组自查 （检查是否完成以下步骤，完成打√，没完成打×）	小组互查 （检查是否完成以下步骤，完成打√，没完成打×）
1	使用克隆技术将准备好的 Linux 操作系统克隆作为 NFS 客户机并开机。	有 NFS 服务器、客户机。		
2	查看 NFS 服务器中的输出目录。	在 NFS 客户机中能够查看到 NFS 服务器的共享目录。		
3	在 NFS 客户机上创建本地挂载点。	在 NFS 客户机中能够查看到本地挂载点。		
4	将 NFS 服务器的共享目录挂载到本机。	挂载 NFS 服务器共享目录到 NFS 客户机。		
5	查看是否挂载成功。	客户机挂载成功。		
检查的评价	班　　级		第　　组	组长签字	
	教师签字		日　　期		
	评语：				

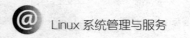

6. 配置 NFS 客户端的评价单

学习情境六	配置与管理 NFS 服务器		学 时	4 学时
典型工作过程描述	1. 配置 NFS 服务器—2. 配置 NFS 客户端			
评 价 项 目	评 分 维 度	组 长 评 分		教 师 评 价
小组 1 配置 NFS 客户端的阶段性结果	合理、完整、高效			
小组 2 配置 NFS 客户端的阶段性结果	合理、完整、高效			
小组 3 配置 NFS 客户端的阶段性结果	合理、完整、高效			
小组 4 配置 NFS 客户端的阶段性结果	合理、完整、高效			
评价的评价	班 级		第 组	组长签字
	教师签字		日 期	
	评语：			

学习情境七　配置与管理 DHCP 服务器

客户需求单

客户需求
某企业中心机房有 60 台计算机，采用 192.168.232.0/24 给技术部使用，网关地址为 192.168.232.2，DHCP 服务器 IP 地址为 192.168.232.3，客户端地址范围为 192.168.232.100～192.168.232.200，子网掩码为 255.255.255.0，技术总监 slave1 使用的固定 IP 地址为 192.168.232.14 。

学习性工作任务单

学习情境七	配置与管理 DHCP 服务器	学　　时	6 学时
典型工作过程描述	1. 掌握 DHCP 服务器的工作原理—2. 配置 DHCP 服务器—3. 配置与测试 DHCP 客户端		
学习目标	**1. 掌握 DHCP 服务器的工作原理的学习目标。** （1）理解 DHCP 客户机发送 IP 租约请求的过程。 （2）理解 DHCP 服务器提供 IP 的过程。 （3）理解 DHCP 客户机进行 IP 租用选择的过程。 （4）理解 DHCP 服务器 IP 租用认可的过程。 **2. 配置 DHCP 服务器的学习目标。** （1）掌握安装 DHCP 服务器软件的方法。 （2）掌握 dhcpd.conf 主配置文件的配置方法。 （3）掌握 DHCP 的启动、停止、重启和自动加载的方法。 **3. 配置与测试 DHCP 客户端的学习目标。** （1）掌握 Linux 客户端配置与测试的方法。 （2）掌握 Windows 客户端配置与测试的方法。		
任务描述	**1. 掌握 DHCP 服务器的工作原理**：第一，让学生了解 DHCP 服务器的工作原理；第二，让学生能够通过自己的语言清晰准确地描述 DHCP 服务器的工作原理。 　　**2. 配置 DHCP 服务器**：第一，检查 DHCP 服务器软件是否安装，如果已安装省略安装步骤；第二，使用 rpm 命令或 yum 源安装 DHCP 服务器软件；第三，修改主配置文件 dhcpd.conf；第四，启动 DHCP 服务器。 　　**3. 配置与测试 DHCP 客户端**：第一，Linux 客户端配置；第二，Linux 客户端测试；第三，Windows 客户端配置；第四，Windows 客户端测试。		
学时安排	资讯 0.3 学时	计划 0.3 学时	决策 0.3 学时	实施 4.5 学时	检查 0.3 学时	评价 0.3 学时
对学生的要求	1. 通过理解 DHCP 服务器工作原理，培养积极主动思考问题的习惯，并锻炼思考问题的全面性、准确性与逻辑性。		

对学生的要求	2. 通过配置与管理 DHCP 服务器，培养动手能力，综合运用知识的能力，以及解决实际问题的能力。 3. 培养分析问题、解决问题及总结问题的能力。					
参考资料	1. 程宁，吴丽萍，王兴宇. Linux 服务器搭建与管理[M]. 上海：上海交通大学出版社，2018。 2. Linux 服务器搭建与管理相关书籍，CSDN 论坛。					
教学和学习方式和流程	典型工作环节	教学和学习的方式				
	1. 掌握 DHCP 服务器工作原理	资讯	计划	决策	实施	检查	评价
	2. 配置 DHCP 服务器	资讯	计划	决策	实施	检查	评价
	3. 配置与测试 DHCP 客户端	资讯	计划	决策	实施	检查	评价

材料工具清单

学习情境七	配置与管理 DHCP 服务器				学　时	6 学时	
典型工作过程描述	1. 掌握 DHCP 服务器的工作原理—2. 配置 DHCP 服务器—3. 配置与测试 DHCP 客户端						
典型工作过程	序　号	名　称	作　用	数　量	型　号	使用量	使用者
1. 掌握 DHCP 服务器的工作原理	1	PC 机	上课	1		1	学生
2. 配置 DHCP 服务器	2	PC 机	上课	1		1	学生
	3	装有 CentOS7 系统的 VMware Workstation Pro	上课	1			学生
3. 配置与测试 DHCP 客户端	4	PC 机	上课	1		1	学生
	5	装有 CentOS7 系统的 VMware Workstation Pro	上课	1		1	学生
班　级		第　　组		组长签字			
教师签字		日　　期					

学习情境七　配置与管理 DHCP 服务器

任务一　掌握 DHCP 服务器的工作原理

1. 掌握 DHCP 服务器的工作原理的资讯单

学习情境七	配置与管理 DHCP 服务器	学　　时	6 学时
典型工作过程描述	**1. 掌握 DHCP 服务器的工作原理**—2. 配置 DHCP 服务器—3. 配置与测试 DHCP 客户端		
收集资讯的方式	1. 查看《客户需求单》。 2. 查看教师提供的《学习性工作任务单》。 3. 查看 Linux 服务器搭建与管理相关书籍。		
资讯描述	理解 DHCP 服务器的工作原理。		
对学生的要求	能够通过自己的语言清晰地描述 DHCP 服务器的工作原理。		
参考资料	1. 程宁，吴丽萍，王兴宇. Linux 服务器搭建与管理[M]. 上海：上海交通大学出版社，2018。 2. Linux 服务器搭建与管理相关书籍，CSDN 论坛。		
资讯的评价	班　　级　　　　　　　　第　　组　　　组长签字 教师签字　　　　　　　　日　　期 评语：		

119

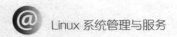

2. 掌握 DHCP 服务器的工作原理的计划单

学习情境七	配置与管理 DHCP 服务器	学 时	6 学时
典型工作过程描述	**1. 掌握 DHCP 服务器的工作原理**—2. 配置 DHCP 服务器—3. 配置与测试 DHCP 客户端		
计划制订的方式	1. 查看《客户需求单》。 2. 查看《学习性工作任务单》。 3. 小组讨论。		
序 号	具体工作步骤	注 意 事 项	
1	DHCP 客户端发送 IP 地址租约请求。		
2	DHCP 服务器提供 IP 地址。		
3	DHCP 客户端进行 IP 租约选择。		
4	DHCP 服务器 IP 租约确认。		
计划的评价	班 级		第 组	组长签字
	教师签字		日 期	
	评语:			

3. 掌握 DHCP 服务器的工作原理的决策单

学习情境七	配置与管理 DHCP 服务器	学　时	6 学时
典型工作过程描述	1. 掌握 DHCP 服务器的工作原理—2. 配置 DHCP 服务器—3. 配置与测试 DHCP 客户端			
序　号	以下哪个正确简述了"DHCP 服务器的工作过程"？		正确与否（正确打√，错误打×）	
1	（1）DHCP 服务器提供 IP 地址—（2）DHCP 客户机发送 IP 租约请求—（3）DHCP 客户机进行 IP 租用选择—（4）DHCP 服务器 IP 租用认可。		
2	（1）DHCP 客户机发送 IP 租约请求—（2）DHCP 服务器提供 IP 地址—（3）DHCP 客户机进行 IP 租用选择—（4）DHCP 服务器 IP 租用认可。		
3	（1）DHCP 客户机发送 IP 租约请求—（2）DHCP 服务器提供 IP 地址—（3）DHCP 服务器 IP 租用认可—（4）DHCP 客户机进行 IP 租用选择。		
4	（1）DHCP 服务器提供 IP 地址—（2）DHCP 客户机发送 IP 租约请求—（3）DHCP 服务器 IP 租用认可—（4）DHCP 客户机进行 IP 租用选择。		
决策的评价	班　级		第　组	组长签字
^	教师签字		日　期	
^	评语：			

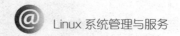

4. 掌握 DHCP 服务器的工作原理的实施单

学习情境七	配置与管理 DHCP 服务器		学　　时	6 学时
典型工作过程描述	1. 掌握 DHCP 服务器的工作原理—2. 配置 DHCP 服务器—3. 配置与测试 DHCP 客户端			
序　号	实施的具体步骤	注 意 事 项		学 生 自 评
1	DHCP 客户端发送 IP 地址租约请求。	当没有任何 IP 地址数据的 DHCP 客户机第一次登录网络的时候，它会通过 UDP 67 端口向网络上发出一个"DHCP Discover"包含客户机的 MAC 地址和计算机名等信息的数据包。客户机向网络进行广播（附上封包的源地址 0.0.0.0、目标地址 255.255.255.255，以及 DHCP Discover 信息）。网络上每一台安装了 TCP/IP 协议的主机都会接收到这种广播信息，但只有 DHCP 服务器才会做出响应。		
2	DHCP 服务器提供 IP 地址。	在网络中接收到 DHCP Discover 信息的 DHCP 服务器都会做出响应，它从尚未出租的 IP 地址中挑选一个分配给 DHCP 客户机，DHCP 为客户机保留一个 IP 地址，然后通过网络广播一个"DHCP Offer"消息给客户机。该消息包含客户的 MAC 地址、服务器提供的 IP 地址、子网掩码、租期以及提供 IP 的 DHCP 服务器的 IP 地址。此时还是使用广播进行通信，源 IP 地址为 DHCP Server 的 IP 地址，目标地址为 255.255.255.255。同时，DHCP Server 为此客户机保留它提供的 IP 地址，从而不会为其他 DHCP 客户机分配此 IP 地址。 　　由于客户机在开始时还没有 IP 地址，所以在其 DHCP Discover 封包内会带有其 MAC 地址信息，并且有一个 XID 编号来辨别该封包，DHCP Server 响应的 DHCP Offer 封包则会根据这些资料传递给要求租约的客户。		
3	DHCP 客户端进行 IP 租约选择。	如果客户机收到网络上多台 DHCP 服务器的响应，只会挑选其中一个 DHCP Offer（一般是最先到达的那个），并且会向网络发送一个 DHCP Request 广播数据包（包中包含客户端的 MAC 地址、接受的租约中的 IP 地址、提供此租约的 DHCP 服务器地址等），告诉所有 DHCP Server 它将接受哪一台服务器提供的 IP 地址，所有其他的 DHCP 服务器将撤销它们提供的 IP 地址以便将 IP 地址提供给下一个 IP 租用请求。此时，由于还没有得到 DHCP Server 的最后确认，客户端仍然使用 0.0.0.0 为源 IP 地址，255.255.255.255 为目标地址进行广播。		

续表

序 号	实施的具体步骤	注 意 事 项	学 生 自 评
4	DHCP 服务器 IP 租约确认。	当 DHCP Server 接收到客户机的 DHCP Request 之后，会广播返回给客户机一个 DHCP ACK 消息包，表明已经接受客户机的选择，并将这一 IP 地址的合法租用以及其他的配置信息都放入该广播包发给客户机。 　　客户机在接收到 DHCP ACK 广播后，会向网络发送三个针对此 IP 地址的 ARP 解析请求以执行冲突检测，查询网络上是否有其他客户机使用该 IP 地址；如果发现该 IP 地址已经被使用，客户机会发出一个 DHCP Decline 数据包给 DHCP Server，拒绝此 IP 地址租约，并重新发送 DHCP Discover 信息。此时，在 DHCP 服务器管理控制台中，会显示此 IP 地址为 Bad_address。 　　如果网络上没有其他主机使用此 IP 地址，则客户机的 TCP/IP 使用租约中提供的 IP 地址完成初始化，便将收到的 IP 地址与客户端的网卡绑定，从而可以和其他网络中的客户机进行通信。	

实施说明：

	班　级		第　　组	组长签字	
实施的评价	教师签字		日　　期		
	评语：				

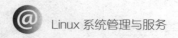

5. 掌握 DHCP 服务器的工作原理的检查单

学习情境七	配置与管理 DHCP 服务器		学　时	6 学时
典型工作过程描述	1. 掌握 DHCP 服务器的工作原理—2. 配置 DHCP 服务器—3. 配置与测试 DHCP 客户端				
序　号	检查项目 （具体步骤的检查）	检查标准	小组自查 （检查是否完成以下步骤，完成打√，没完成打×）	小组互查 （检查是否完成以下步骤，完成打√，没完成打×）
1	DHCP 服务器工作过程的 4 个阶段	能够通过自己的语言清晰准确地描述 DHCP 服务器的工作原理。		
班　级　　　　　　　　　　第　组　　　组长签字 教师签字　　　　　　　　　　日　期				
检查的评价	评语：				

124

6. 掌握 DHCP 服务器的工作原理的评价单

学习情境七	配置与管理 DHCP 服务器	学　　时	6 学时
典型工作过程描述	1. 掌握 DHCP 服务器的工作原理—2. 配置 DHCP 服务器—3. 配置与测试 DHCP 客户端			
评 价 项 目	评 分 维 度	组 长 评 分	教 师 评 价
小组 1 DHCP 服务器的工作原理的阶段性结果	清晰、正确、叙述逻辑完整		
小组 2 DHCP 服务器的工作原理的阶段性结果	清晰、正确、叙述逻辑完整		
小组 3 DHCP 服务器的工作原理的阶段性结果	清晰、正确、叙述逻辑完整		
小组 4 DHCP 服务器的工作原理的阶段性结果	清晰、正确、叙述逻辑完整		
评价的评价	班　　级		第　　组	组长签字	
^	教师签字		日　　期	||
^	评语：			

任务二 配置 DHCP 服务器

1. 配置 DHCP 服务器的资讯单

学习情境七	配置与管理 DHCP 服务器	学　　时	6 学时
典型工作过程描述	1. 掌握 DHCP 服务器的工作原理—**2. 配置 DHCP 服务器**—3. 配置与测试 DHCP 客户端		
收集资讯的方式	1. 查看《客户需求单》。 2. 查看教师提供的《学习性工作任务单》。 3. 查看 Linux 服务器搭建与管理相关书籍。		
资讯描述	1. 回顾 DHCP 服务器的工作原理。 2. 掌握 DHCP 服务器的配置流程。		
对学生的要求	1. 能够正确配置 DHCP 服务器。 2. 能够正确启动 DHCP 服务器。		
参考资料	1. 程宁，吴丽萍，王兴宇. Linux 服务器搭建与管理[M]. 上海：上海交通大学出版社，2018。 2. Linux 服务器搭建与管理相关书籍，CSDN 论坛。		
资讯的评价	班　级： 　　　　　第　　组　　组长签字： 教师签字： 　　　　　日　　期： 评语：		

2. 配置 DHCP 服务器的计划单

学习情境七		配置与管理 DHCP 服务器		学 时	6 学时
典型工作过程描述		1. 掌握 DHCP 服务器的工作原理—**2. 配置 DHCP 服务器**—3. 配置与测试 DHCP 客户端			
计划制订的方式		1. 请教教师。 2. 小组讨论。			
序 号		具体工作步骤		注 意 事 项	
1		检查 DHCP 服务器软件是否安装。			
2		如果 DHCP 服务器软件未安装，则安装 DHCP 服务器软件。			
3		配置主配置文件 dhcpd.conf。			
4		启动 DHCP 服务器。			
计划的评价	班 级		第 组		组长签字
	教师签字		日 期		
	评语：				

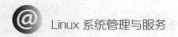

3. 配置 DHCP 服务器的决策单

学习情境七	配置与管理 DHCP 服务器	学 时	6 学时
典型工作过程描述	1. 掌握 DHCP 服务器的工作原理—2. 配置 DHCP 服务器—3. 配置与测试 DHCP 客户端		

计 划 对 比			
序　号	DHCP 服务器的主配置文件是？		正确与否 （正确打√，错误打×）
1	/etc/dhcp/dhcp.conf		
2	/etc/dhcp/dhcpd.conf		
3	/etc/dhcpd.conf		
4	/usr/share/doc/dhcp-4.1.1/dhcpd.conf.sample		
	班　级		第　组	组长签字	
	教师签字		日　期		
决策的评价	评语：			

4. 配置 DHCP 服务器的实施单

学习情境七	配置与管理 DHCP 服务器		学　时	6 学时
典型工作过程描述	1. 掌握 DHCP 服务器的工作原理—**2. 配置 DHCP 服务器**—3. 配置与测试 DHCP 客户端			
序　号	实施的具体步骤	注　意　事　项		学 生 自 评
1	检查 DHCP 服务器软件是否安装；如果已安装省略步骤 2。 [root@master ~]# rpm -qa|grep dhcp dhcp-libs-4.2.5-82.el7.centos.x86_64 dhcp-4.2.5-82.el7.centos.x86_64 dhcp-common-4.2.5-82.el7.centos.x86_64	DHCP 服务器所需软件： （1）dhcp-libs-4.2.5-82.el7.centos.x86_64 （2）dhcp-4.2.5-82.el7.centos.x86_64 （3）dhcp-common-4.2.5-82.el7.centos.x86_64		
2	方法 1：使用 rpm 命令安装 DHCP 服务器软件： [root@master ~]# rpm -ivh dhcp-4.2.5-82.el7.centos.x86_64.rpm 命令语法格式： #rpm -ivh 软件名.rpm 方法 2：使用 yum 源安装 DHCP 服务器软件： [root@master ~]# yum clean all [root@master ~]# yum install -y dhcp	本地 yum 源的配置方法： （1）在 /etc/yum.repos.d 路径下创建文件：dvd.repo （2）编辑 dvd.repo 文件： [dvd] name=dvd baseurl=file:///mnt/cdrom enabled=1 gpgcheck=0 [dvd] name=dvd baseurl=file:///mnt/cdrom enabled=1 gpgcheck=0 （3）查看所有可安装的软件清单： [root@master yum.repos.d]# yum list		

3	修改主配置文件 dhcpd.conf。
	　subnet 192.168.232.0 netmask 255.255.255.0 {
	　　range 192.168.232.100 192.168.232.200;
	　　option routers 192.168.232.2;
	　　default-lease-time 600;
	　　max-lease-time 7200;
	　　host slave1 {
	　　　hardware ethernet 00: 0c: 29: 2a: 3e: 56;
	　　　fixed-address 192.168.232.14;
		注意事项一：/etc/dhcp/ 路径下的主配置文件 dhcpd.conf 是空文件，需要通过复制 /usr/share/doc/dhcp-4.2.5 路径下的样例文件 dhcpd.conf.example 获得。
		注意事项二：
		（1）dhcpd.conf 主配置文件的组成部分如下：
		参数（parameters）
		声明（declarations）
		选项（option）		

序　　号	实施的具体步骤	注　意　事　项	学 生 自 评

3		（2）dhcpd.conf 主配置文件格式：
		
		#全局配置
		
		参数或选项；　　#全局生效
		
		#局部配置
		
		声明{
		
		参数或选项；　　#局部生效
		
		}
		
		（3）dhcpd.conf 主配置文件常用参数介绍：
		
		表1
		
		（4）dhcpd.conf 主配置文件常用声明介绍：
		
		表2	

（3）dhcpd.conf 主配置文件常用参数介绍：

参　　数	说　　明
ddns-update-style （none|interim|ad-hoc）	none：表示不支持动态更新。 interim：表示 DNS 服务器互动更新模式。 ad-hoc：表示特殊 DNS 服务器更新模式。 作用：定义所支持的 DNS 服务器动态更新类型。
default-lease-time number	number：数字。 作用：定义默认 IP 地址租约时间。
max-lease-time number	number：数字。 作用：定义客户端 IP 地址租约时间的最大值。

（4）dhcpd.conf 主配置文件常用声明介绍：

声　　明	说　　明

subnet 网络号 netmask 子网掩码
{
……
}
	作用：定义作用域，指定子网。

range dynamic-bootp 起始 IP 地址 结束 IP 地址。	作用：指定动态 IP 地址范围。

续表

序号	实施的具体步骤	注意事项	学生自评
3		（5）dhcpd.conf 主配置文件常用选项介绍： <table><tr><th>选 项</th><th>说 明</th></tr><tr><td>routers IP 地址</td><td>作用：指定客户端默认网关地址。</td></tr><tr><td>domain-name-servers IP 地址</td><td>作用：指定客户端 DNS 服务器地址。</td></tr><tr><td>domain-name 域名</td><td>作用：指定客户端 DNS 服务器名字。</td></tr></table>	
4	启动 DHCP 服务器 [root@master dhcp-4.2.5]# systemctl start dhcpd.service	启动 DHCP 服务器。 （1）启动 DHCP 服务器。 #systemctl start dhcpd.service （2）查看 DHCP 服务器运行状态。 #systemctl status dhcpd.service （3）重启 DHCP 服务器。 #systemctl restart dhcpd.service （4）停止 DHCP 服务器。 #systemctl stop dhcpd.service （5）设置"开机自动启动"DHCP 服务器。 #systemctl enable dhcpd.service	

实施说明：
按照安装 DHCP 服务器软件—修改主配置文件 dhcpd.conf—启动 DHCP 的流程执行。

	班 级		第 组	组长签字	
实施的评价	教师签字		日 期		
	评语：				

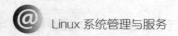

5. 配置 DHCP 服务器的检查单

学习情境七	配置与管理 DHCP 服务器		学　　时	6 学时
典型工作过程描述	1. DHCP 服务器的工作原理—2. 配置 DHCP 服务器—3. 配置与测试 DHCP 客户端			
序　号	检查项目 （具体步骤的检查）	检 查 标 准	小组自查 （检查是否完成以下步骤，完成打 √，没完成打 ×）	小组互查 （检查是否完成以下步骤，完成打 √，没完成打 ×）
1	DHCP 服务器软件的安装情况。	DHCP 服务器软件安装完成。		
2	主配置文件 dhcpd.conf 的编辑。	按照任务要求正确配置主配置文件 dhcpd.conf。		
3	DHCP 服务器的启动状态。	DHCP 服务器正常启动。		
检查的评价	班　　级		第　　组	组长签字
^	教师签字		日　　期	
^	评语：			

6. 配置 DHCP 服务器的评价单

学习情境七	配置与管理 DHCP 服务器		学　　时	6 学时
典型工作过程描述	1. 掌握 DHCP 服务器的工作原理—2. 配置 DHCP 服务器—3. 配置与测试 DHCP 客户端			
评价项目	评 分 维 度	组 长 评 分		教 师 评 价
小组 1 配置 DHCP 服务器的阶段性结果	1. DHCP 服务器软件安装完成。 2. 正确配置主配置文件 dhcpd.conf。 3. 正常启动 DHCP 服务器。			
小组 2 配置 DHCP 服务器的阶段性结果	1. DHCP 服务器软件安装完成。 2. 正确配置主配置文件 dhcpd.conf。 3. 正常启动 DHCP 服务器。			
小组 3 配置 DHCP 服务器的阶段性结果	1. DHCP 服务器软件安装完成。 2. 正确配置主配置文件 dhcpd.conf。 3. 正常启动 DHCP 服务器。			
小组 4 配置 DHCP 服务器的阶段性结果	1. DHCP 服务器软件安装完成。 2. 正确配置主配置文件 dhcpd.conf。 3. 正常启动 DHCP 服务器。			
评价的评价	班　　级		第　　组	组长签字
^	教师签字		日　　期	
^	评语:			

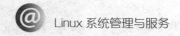

任务三 配置与测试 DHCP 客户端

1. 配置与测试 DHCP 客户端的资讯单

学习情境七	配置与管理 DHCP 服务器	学　时	6 学时
典型工作过程描述	1. 掌握 DHCP 服务器的工作原理—2. 配置 DHCP 服务器—**3. 配置与测试 DHCP 客户端**		
收集资讯的方式	1. 查看《客户需求单》。 2. 查看教师提供的《学习性工作任务单》。 3. 查看 Linux 服务器搭建与管理相关书籍。		
资讯描述	1. 回顾 DHCP 服务器的工作原理。 2. Linux 系统下客户端的配置与测试。 3. Windows 系统下客户端的配置与测试。		
对学生的要求	1. 掌握 Linux 系统下客户端的配置与测试。 2. 掌握 Windows 系统下客户端的配置与测试。		
参考资料	1. 程宁，吴丽萍，王兴宇. Linux 服务器搭建与管理[M]. 上海：上海交通大学出版社，2018。 2. Linux 服务器搭建与管理相关书籍，CSDN 论坛。		
资讯的评价	班　级		第　组	组长签字	
	教师签字		日　期		
	评语：				

2. 配置与测试 DHCP 客户端的计划单

学习情境七		配置与管理 DHCP 服务器		学　时	6 学时
典型工作过程描述		1. 掌握 DHCP 服务器的工作原理—2. 配置 DHCP 服务器—**3. 配置与测试 DHCP 客户端**			
计划制订的方式		1. 请教教师。 2. 小组讨论。			
序　号	具体工作步骤		注 意 事 项		
1	Linux 系统下客户端的配置。				
2	Linux 系统下客户端的测试。				
3	Windows 系统下客户端的配置。				
4	Windows 系统下客户端的测试。				
计划的评价	班　级		第　　组	组长签字	
	教师签字		日　　期		
	评语：				

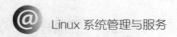

3. 配置与测试 DHCP 客户端的决策单

学习情境七	配置与管理 DHCP 服务器	学 时	6 学时
典型工作过程描述	1. 掌握 DHCP 服务器的工作原理—2. 配置 DHCP 服务器—3. 配置与测试 DHCP 客户端			

计 划 对 比		
序 号	配置 Linux 客户端需要修改网卡配置文件，将 BOOTPROTO 项设置为？	正确与否（正确打√，错误打×）
1	true	
2	dhcpd	
3	dhcp	
4	false	

	班 级		第 组		组长签字	
决策的评价	教师签字		日 期			
	评语：					

136

4. 配置与测试 DHCP 客户端的实施单

学习情境七	配置与管理 DHCP 服务器		学　时	6 学时
典型工作过程描述	1. 掌握 DHCP 服务器的工作原理—2. 配置 DHCP 服务器—3. 配置与测试 DHCP 客户端			
序　号	实施的具体步骤		注　意　事　项	学　生　自　评
1	Linux 系统客户端的配置。 （1）修改客户端网卡配置文件： [root@slave1 network-scripts]# vim /etc/ sysconfig/ network-scripts/ifcfg-ens33 修改属性 BOOTPROTO=dhcp 修改属性 ONBOOT=yes （2）重新启动网卡： [root@slave1 network-scripts]# ifdown ens33 [root@slave1 network-scripts]# ifup ens33			
2	Linux 系统客户端的测试。 （1）Linux 系统客户端配置前使用 ifconfig 命令测试。 （2）Linux 系统客户端配置后使用 ifconfig 命令测试。 [root@slave1 network-scripts]# ifconfig			
3	Windows 系统客户端的配置。 设置自动获得 IP 地址和自动获得 DNS 服务器地址。			
4	Windows 系统客户端的测试。 在 windows 命令提示符下，输入如下命令： ipconfig /release 命令说明：释放 IP 地址。 ipconfig /renew 命令说明：重新申请 IP 地址。		ipconfig /release 命令和 ipconfig /renew 的执行顺序：使用 ipconfig 命令先释放 IP 地址后，再重新获取 IP 地址。	

Linux 系统管理与服务

续表

实施说明：

1. 在 Linux 系统客户端配置与测试。

2. 在 Windows 系统客户端配置与测试。

	班　级		第　组	组长签字	
实施的评价	教师签字		日　期		
	评语：				

138

5. 配置与测试 DHCP 客户端的检查单

学习情境七	配置与管理 DHCP 服务器	学 时	6 学时
典型工作过程描述	1. 掌握 DHCP 服务器的工作原理—2. 配置 DHCP 服务器—3. 配置与测试 DHCP 客户端		

序 号	检查项目（具体步骤的检查）	检 查 标 准	小组自查（检查是否完成以下步骤，完成打√，没完成打×）	小组互查（检查是否完成以下步骤，完成打√，没完成打×）
1	Linux 系统下使用 ifconfig 命令，查看网络设备的设置信息。	DHCP 服务器在 Linux 系统客户端正常工作。		
2	Windows 系统下使用命令 ipconfig /release ipconfig/renew 查看网络设备的使用信息。	DHCP 服务器在 Windows 系统客户端正常工作。		
检查的评价	班 级		第 组	组长签字	
	教师签字		日 期		
	评语：				

6. 配置与测试 DHCP 客户端的评价单

学习情境七	配置与管理 DHCP 服务器		学　时	6 学时
典型工作过程描述		1. 掌握 DHCP 服务器的工作原理—2. 配置 DHCP 服务器—3. **配置与测试 DHCP 客户端**		
评价项目	评 分 维 度		组 长 评 分	教 师 评 价
小组 1 配置与测试 DHCP 客户端的阶段性结果	1. DHCP 服务器在 Linux 系统客户端正常工作。 2. DHCP 服务器在 Windows 系统客户端正常工作。				
小组 2 配置与测试 DHCP 客户端的阶段性结果	1. DHCP 服务器在 Linux 系统客户端正常工作。 2. DHCP 服务器在 Windows 系统客户端正常工作。				
小组 3 配置与测试 DHCP 客户端的阶段性结果	1. DHCP 服务器在 Linux 系统客户端正常工作。 2. DHCP 服务器在 Windows 系统客户端正常工作。				
小组 4 配置与测试 DHCP 客户端的阶段性结果	1. DHCP 服务器在 Linux 系统客户端正常工作。 2. DHCP 服务器在 Windows 系统客户端正常工作。				
评价的评价	班　级		第　　组	组长签字	
~	教师签字		日　期		
~	评语：				

学习情境八　配置与管理 DNS 服务器

客户需求单

客户需求
某企业销售部现需搭建一台 DNS 服务器（IP 地址为 192.168.232.3），该 DNS 服务器负责对销售部内主机的域名解析。销售部所在域为"sales.com"，主机分别是 computer1.sales.com (192.168.232.101), computer2.sales.com(192.168.232.102),computer3.sales.com(192.168.232.103)，别名为 oa.sales.com。

学习性工作任务单

学习情境八	配置与管理 DNS 服务器	学　时	6 学时
典型工作过程描述	1. 掌握 DNS 域名解析的工作原理—2. 配置 DNS 服务器—3. 配置与测试 DNS 客户端		
学习目标	**1. 掌握 DNS 域名解析的工作原理的学习目标。** 　　理解 DNS 域名解析的工作过程。 **2. 配置 DNS 服务器的学习目标。** 　　（1）掌握安装 DNS 服务器软件的方法。 　　（2）掌握 named.conf 全局配置文件的配置方法。 　　（3）掌握正向解析区域、反向解析区域的配置方法。 　　（4）掌握建立正、反向区域文件的方法。 　　（5）掌握正、反向区域文件的配置方法。 　　（6）掌握 DNS 服务器的启动、停止、重启和自动加载的方法。 **3. 配置与测试 DNS 客户端的学习目标。** 　　（1）掌握 Linux 客户端配置与测试的方法。 　　（2）掌握 Windows 客户端配置与测试的方法。		
任务描述	**1. 掌握 DNS 域名解析的工作原理**：第一，让学生明白 DNS 服务器的工作原理；第二，让学生能够通过自己的语言清晰准确地描述 DNS 服务器的工作原理。 　　**2. 配置 DNS 服务器**：第一，检查 DNS 服务器软件是否安装；第二，若 DNS 服务器软件未安装，则安装 DNS 服务器软件；第三，配置全局配置文件 named.conf；第四，编辑正、反向解析区域；第五，建立正、反向区域文件；第六，编辑正、反向区域文件；第七，启动 DNS 服务器。 　　**3. 配置与测试 DNS 客户端**：第一，Linux 系统下客户端的配置；第二，Linux 系统下客户端的测试；第三，Windows 系统下客户端的配置；第四，Windows 系统下客户端的测试。		

Linux 系统管理与服务

学时安排	资讯 0.3 学时	计划 0.3 学时	决策 0.3 学时	实施 4.5 学时	检查 0.3 学时	评价 0.3 学时
对学生的要求	1. 通过理解 DNS 服务器的工作原理，养成积极主动思考问题的习惯，并锻炼思考的全面性、准确性与逻辑性。 2. 通过配置与管理 DNS 服务器，培养实践动手能力、综合运用知识的能力以及解决实际问题的能力。 3. 培养分析问题、解决问题及总结问题的能力。					
参考资料	1. 程宁，吴丽萍，王兴宇. Linux 服务器搭建与管理[M]. 上海：上海交通大学出版社，2018。 2. Linux 服务器搭建与管理相关书籍，CSDN 论坛。					
教学和学习 方式和流程	**典型工作环节**	**教学和学习的方式**				
	1. 掌握 DNS 域名解析的工作原理。	资讯	计划	决策	实施	检查	评价
	2. 配置 DNS 服务器。	资讯	计划	决策	实施	检查	评价
	3. 配置与测试 DNS 客户端。	资讯	计划	决策	实施	检查	评价

材料工具清单

学习情境八		配置与管理 DNS 服务器			学　时		6 学时	
典型工作过程描述		1. 掌握 DNS 域名解析的工作原理—2. 配置 DNS 服务器—3. 配置与测试 DNS 客户端						
典型 工作过程	**序 号**	**名　　称**	**作　　用**	**数　　量**	**型　　号**	**使 用 量**	**使 用 者**	
1. 掌握 DNS 域名解析的工 作原理	1	PC 机	上课	1		1	学生	
2. 配置 DNS 服务器	2	PC 机	上课	1		1	学生	
	3	装有 CentOS7 系 统的 VMware Workstation Pro	上课	1		1	学生	
3. 配置与测试 DNS 客户端	4	PC 机	上课	1		1	学生	
	5	装有 CentOS7 系 统的 VMware Workstation Pro	上课	1		1	学生	
班　　级		第　　组			组长签字			
教师签字		日　　期						

任务一 掌握 DNS 域名解析的工作原理

1. 掌握 DNS 域名解析的工作原理的资讯单

学习情境八	配置与管理 DNS 服务器	学 时	6 学时
典型工作过程描述	**1. 掌握 DNS 域名解析的工作原理**—2. 配置 DNS 服务器—3. 配置与测试 DNS 客户端		
收集资讯的方式	1. 查看《客户需求单》。 2. 查看教师提供的《学习性工作任务单》。 3. 查看 Linux 服务器搭建与管理相关书籍。		
资讯描述	理解 DNS 域名解析的工作原理。		
对学生的要求	能够通过自己的语言清晰准确地描述 DNS 服务器的工作原理。		
参考资料	1. 程宁，吴丽萍，王兴宇. Linux 服务器搭建与管理[M]. 上海：上海交通大学出版社，2018。 2. Linux 服务器搭建与管理相关书籍，CSDN 论坛。		
	班 级		第 组	组长签字	
	教师签字		日 期		
资讯的评价	评语：				

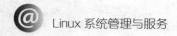

2. 掌握 DNS 域名解析的工作原理的计划单

学习情境八	配置与管理 DNS 服务器	学　时	6 学时
典型工作过程描述	**1. 掌握 DNS 域名解析的工作原理**—2. 配置 DNS 服务器—3. 配置与测试 DNS 客户端			
计划制订的方式	1. 查看《客户需求单》。 2. 查看《学习性工作任务单》。 3. 小组讨论。			
序　号	具体工作步骤	注 意 事 项		
1					
2					
3					
4					

	班　级		第　组	组长签字	
	教师签字		日　期		
计划的评价	评语：				

3. 掌握 DNS 域名解析的工作原理的决策单

学习情境八	配置与管理 DNS 服务器	学 时	6 学时
典型工作过程描述	1. 掌握 DNS 域名解析的工作原理—2. 配置 DNS 服务器—3. 配置与测试 DNS 客户端		
序 号	下面哪个正确简述了 DNS 域名解析的工作过程？	正确与否（正确打√，错误打×）	
1	（1）客户机提交域名解析请求，并将该请求发送给本地的域名服务器—（2）当本地的域名服务器收到请求后，就先查询本地的缓存—（3）本地服务器再向返回的域名服务器发送请求—（4）根域名服务器再返回给本地域名服务器一个所查询域的顶级域名服务器的地址—（5）本地域名服务器将查询请求发送给返回的 DNS 服务器—（6）接收到该查询请求的域名服务器查询其缓存和记录，如果有相关信息则返回客户机查询结果，否则通知客户机下级的域名服务器的地址—（7）域名服务器返回本地服务器查询结果（如果该域名服务器不包含查询的 DNS 信息，查询过程将重复 6、7 步骤，直到返回解析信息或解析失败的回应）—（8）本地域名服务器将返回的结果保存到缓存，并且将结果返回给客户机。		
2	（1）客户机提交域名解析请求，并将该请求发送给本地的域名服务器—（2）当本地的域名服务器收到请求后，就先查询本地的缓存—（3）根域名服务器再返回给本地域名服务器一个所查询域的顶级域名服务器的地址—（4）本地域名服务器将查询请求发送给返回的 DNS 服务器—（5）域名服务器返回本地服务器查询结果（如果该域名服务器不包含查询的 DNS 信息，查询过程将重复 6、7 步骤，直到返回解析信息或解析失败的回应）—（6）本地服务器再向返回的域名服务器发送请求—（7）接收到该查询请求的域名服务器查询其缓存和记录，如果有相关信息则返回客户机查询结果，否则通知客户机下级的域名服务器的地址—（8）本地域名服务器将返回的结果保存到缓存，并且将结果返回给客户机。		
3	（1）客户机提交域名解析请求，并将该请求发送给本地的域名服务器—（2）本地域名服务器将返回的结果保存到缓存，并且将结果返回给客户机—（3）根域名服务器再返回给本地域名服务器一个所查询域的顶级域名服务器的地址—（4）本地服务器再向返回的域名服务器发送请求—（5）接收到该查询请求的域名服务器查询其缓存和记录，如果有相关信息则返回客户机查询结果，否则通知客户机下级的域名服务器的地址—（6）域名服务器返回本地服务器查询结果（如果该域名服务器不包含查询的 DNS 信息，查询过程将重复 6、7 步骤，直到返回解析信息或解析失败的回应）—（7）本地域名服务器将查询请求发送给返回的 DNS 服务器—（8）当本地的域名服务器收到请求后，就先查询本地的缓存。		

续表

序　号	下面哪个正确简述了 DNS 域名解析的工作过程？	正确与否 （正确打√，错误打×）
4	（1）客户机提交域名解析请求，并将该请求发送给本地的域名服务器—（2）当本地的域名服务器收到请求后，就先查询本地的缓存—（3）根域名服务器再返回给本地域名服务器一个所查询域的顶级域名服务器的地址—（4）本地服务器再向返回的域名服务器发送请求—（5）接收到该查询请求的域名服务器查询其缓存和记录，如果有相关信息则返回客户机查询结果，否则通知客户机下级的域名服务器的地址—（6）本地域名服务器将查询请求发送给返回的 DNS 服务器—（7）域名服务器返回本地服务器查询结果（如果该域名服务器不包含查询的 DNS 信息，查询过程将重复 6、7 步骤，直到返回解析信息或解析失败的回应）—（8）本地域名服务器将返回的结果保存到缓存，并且将结果返回给客户机。	

决策的评价	班　级		第　　组	组长签字	
	教师签字		日　　期		
	评语：				

4. 掌握 DNS 域名解析的工作原理的实施单

学习情境八	配置与管理 DNS 服务器	学　时	6 学时
典型工作过程描述	1. 掌握 DNS 域名解析的工作原理—2. 配置 DNS 服务器—3. 配置与测试 DNS 客户端		
序　号	实施的具体步骤	注　意　事　项	学生自评
1	客户端发起域名解析请求。该请求发送到本地 DNS 服务器上。本地 DNS 服务器首先查询它的缓存记录，如果缓存中有此条请求记录，则直接返回结果。如果没有，则本地 DNS 服务器将该请求发送给 DNS 根服务器进行查询。	客户端向本地域名服务器的查询一般都是采用递归查询。	
2	本地 DNS 服务器向根服务器发送 DNS 服务器请求。	本地域名服务器向根域名服务器的查询一般都是采用迭代查询。	
3	根服务器经过查询，没有记录该域名及 IP 地址的对应关系，就返回给本地 DNS 服务器一个顶级域名服务器的地址，DNS 服务器可以到顶级域名服务器上继续查询。		
4	本地 DNS 服务器向顶级域名服务器发送 DNS 请求。		
5	接收到该查询请求的域名服务器查询其缓存和记录，如果有相关信息则将查询结果返回给客户端，否则告诉本地 DNS 服务器下一级域名服务器的地址，DNS 服务器可以到下一级域名服务器上继续查询。		
6	本地 DNS 服务器向下一级域名服务器发送 DNS 请求。		
7	下一级域名服务器收到请求后，在自己的缓存表中发现了该域名和 IP 地址的对应关系，并将 IP 地址返回给本地 DNS 服务器。	如果该域名服务器不包含查询的 DNS 服务器信息，查询过程将重复 6、7 步骤，直到返回解析信息或者解析失败的回应。	
8	本地 DNS 服务器将获取到与域名对应的 IP 地址返回给客户端，并且将域名和 IP 地址的对应关系保存在缓存中，以备下次其他用户查询时使用。		

@ Linux 系统管理与服务

续表

实施说明:					
实施的评价	班　　级		第　　组	组长签字	
	教师签字		日　　期		
	评语:				

148

5. 掌握 DNS 域名解析的工作原理的检查单

学习情境八	配置与管理 DNS 服务器		学 时	6 学时
典型工作过程描述	1. 掌握 DNS 域名解析的工作原理—2. 配置 DNS 服务器—3. 配置与测试 DNS 客户端			
序 号	检查项目 （具体步骤的检查）	检 查 标 准	小组自查 （检查是否完成以下步骤，完成打√，没完成打×）	小组互查 （检查是否完成以下步骤，完成打√，没完成打×）
1	DNS 域名解析的工作过程。	能够通过自己的语言清晰准确地描述 DNS 服务器的工作原理。		
检查的评价	班 级		第 组	组长签字	
	教师签字		日 期		
	评语：			

149

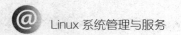

6. 掌握 DNS 域名解析的工作原理的评价单

学习情境八	配置与管理 DNS 服务器	学　时	6 学时
典型工作过程描述	1. 掌握 DNS 域名解析的工作原理—2. 配置 DNS 服务器—3. 配置与测试 DNS 客户端			
评价项目	评分维度	组长评分	教师评价
小组 1 掌握 DNS 域名解析的工作原理的阶段性结果	清晰、正确、叙述逻辑完整		
小组 2 掌握 DNS 域名解析的工作原理的阶段性结果	清晰、正确、叙述逻辑完整		
小组 3 掌握 DNS 域名解析的工作原理的阶段性结果	清晰、正确、叙述逻辑完整		
小组 4 掌握 DNS 域名解析的工作原理的阶段性结果	清晰、正确、叙述逻辑完整		
评价的评价	班　级： 　　　　第　　组　　组长签字： 教师签字：　　　　日　期： 评语：			

任务二 配置 DNS 服务器

1. 配置 DNS 服务器的资讯单

学习情境八	配置与管理 DNS 服务器	学　时	6 学时
典型工作过程描述	1. 掌握 DNS 域名解析的工作原理—2. 配置 DNS 服务器—3. 配置与测试 DNS 客户端			
收集资讯的方式	1. 查看《客户需求单》。 2. 查看教师提供的《学习性工作任务单》。 3. 查看 Linux 服务器搭建与管理相关书籍。			
资讯描述	1. 回顾 DNS 域名解析的工作原理。 2. 掌握 DNS 服务器端的配置流程。			
对学生的要求	1. 能够正确配置 DNS 服务器。 2. 能够正确启动 DNS 服务器。			
参考资料	1. 程宁，吴丽萍，王兴宇. Linux 服务器搭建与管理[M]. 上海：上海交通大学出版社，2018。 2. Linux 服务器搭建与管理相关书籍，CSDN 论坛。			
资讯的评价	班　级		第　组	组长签字	
^	教师签字		日　期		
^	评语：				

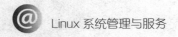

2. 配置 DNS 服务器的计划单

学习情境八	配置与管理 DNS 服务器	学　时	6 学时
典型工作过程描述	1. 掌握 DNS 域名解析的工作原理—2. 配置 DNS 服务器—3. 配置与测试 DNS 客户端			
计划制订的方式	1. 请教教师。 2. 小组讨论。			

序　号	具体工作步骤	注 意 事 项
1	检查 DNS 服务器软件是否安装。	
2	若 DNS 服务器软件未安装，则安装 DNS 服务器软件。	
3	配置全局配置文件 named.conf。	
4	编辑正、反向解析区域。	正、反向解析区域与正、反向区域文件是两个不同的概念。
5	建立正、反向区域文件。	
6	编辑正、反向区域文件。	正、反向解析区域与正、反向区域文件是两个不同的概念。
7	启动 DNS 服务器。	

	班　级		第　　组	组长签字	
	教师签字		日　　期		
计划的评价	评语：				

152

3. 配置 DNS 服务器的决策单

学习情境八	配置与管理 DNS 服务器	学 时	6 学时
典型工作过程描述	1. 掌握 DNS 域名解析的工作原理—2. 配置 DNS 服务器—3. 配置与测试 DNS 客户端			

计 划 对 比			
序 号	以下对 DNS 服务的描述正确的是？		正确与否 （正确打√，错误打×）
1	DNS 服务的主要配置文件是/etc/named/nds.conf。		
2	配置 DNS 服务时，正向和反向区域文件都必须配置才行。		
3	配置 DNS 服务，只需配置/etc/named.conf 即可。		
4	配置 DNS 服务，通常需要配置/etc/named.conf、/etc/named.rfc1912.zones 和相应的区域文件。		

决策的评价	班 级		第 组	组长签字	
:::	教师签字		日 期		
:::	评语：				

4. 配置 DNS 服务器的实施单

学习情境八	配置与管理 DNS 服务器			学　　时	6 学时
典型工作过程描述	1. 掌握 DNS 域名解析的工作原理—2. 配置 DNS 服务器—3. 配置与测试 DNS 客户端					
序　号	实施的具体步骤		注　意　事　项		学生自评
1	检查 DNS 服务器软件是否安装；如果已安装，则省略步骤 2。 [root@master Packages]# rpm -qa|grep bind bind-utils-9.11.4-9.P2.el7.x86_64 bind-license-9.11.4-9.P2.el7.noarch bind-export-libs-9.11.4-9.P2.el7.x86_64 bind-libs-9.11.4-9.P2.el7.x86_64 keybinder3-0.3.0-1.el7.x86_64 bind-libs-lite-9.11.4-9.P2.el7.x86_64 rpcbind-0.2.0-48.el7.x86_64		DNS 服务器所需软件。 （1）bind-utils-9.11.4-26.P2.el7.x86_64。 （2）bind-libs-lite-9.11.4-26.P2.el7.x86_64。 （3）bind-9.11.4-26.P2.el7.x86_64。 （4）bind-license-9.11.4-26.P2.el7.noarch。 （5）bind-export-libs-9.11.4-9.P2.el7.x86_64。 （6）bind-libs-9.11.4-26.P2.el7.x86_64。 （7）keybinder3-0.3.0-1.el7.x86_64。 （8）rpcbind-0.2.0-48.el7.x86_64。		
2	使用 yum 源安装 DNS 服务器软件。 [root@master ~]# yum clean all [root@master ~]# yum install -y bind		本地 yum 源的配置方法。 （1）在 /etc/yum.repos.d 路径下创建文件 dvd.repo。 （2）编辑 dvd.repo 文件。 [dvd] name=dvd baseurl=file:///mnt/cdrom enabled=1 gpgcheck=0 [dvd] name=dvd baseurl=file: ///mnt / cdrom enabled=1 gpgcheck=0 （3）查看所有可安装的软件清单。 [root@master yum.repos.d]# yum list （4）BIND 是一款实现 DNS 服务器的开放源码软件。		
3	修改全局配置文件 named.conf。 options { 　　listen- on port 53 { any;}; 　　listen- on- v6 port 53 { any; }; 　　directory　　　"/var/ named"; 　　dump- file　　　"var/named/data/cache_dump.db";		注意事项一： （1）Listen-on port 53 {127.0.0.1;};若使用默认设置，系统将只监听 localhost 127.0.0.1 类型的地址，网络端的客户将无法进行解析。应改为 any 允许所有客户端进行解析。		

续表

序 号	实施的具体步骤	注 意 事 项	学生自评

3	statistics-file "/var/ named/ data/named_stats.txt" ;
	memstatistics-file "/var/named/data/named_ mem_stats.txt" ;
	recursing-file "/var/named/data/named.recursing" ;
	secroots-file "/var/named/ data/ named. secroots" ;
	allow- query { any; };
	/*
	- If you are building an AUTHORITATIVE DNS server，do NOT enable recursion.
	- If you are building a RECURSIVE (caching) DNS server，you need to enable recursion.
	- If your recursive DNS server has a public IP address，you MUST enable access control to limit queries to your legitimate users. Failing to do so will cause your server to become part of large scale DNS amplification attacks. Implementing BCP38 within your network would greatly reduce such attack surface
	*/
	recursion yes;
	dnssec- enable yes;
	dnssec- validation yes;
	
	/*Path to ISC DLV key */
	bindkeys- file "/etc/named.root. key" ;
	
	managed- keys- directory " /var / named / dynamic" ;
	
	pid-file " /run/ named/ named. pid" ;
	session- keyfile "/run/named/session. key";
	};
	logging{
	  channel default_debug {
	    file " data/ named.run" ;
	    severity dynamic;
		（2）allow-query{any;};允许解析的客户端地址为任意 any。
		（3）在修改配置文件时，不要修改原有的格式，比如原文件中有空格，修改后没有空格。
		注意事项二：
		全局配置文件 named.conf 的组成部分：
		options { #全局配置
		             #对 DNS 服务器生效
		      字段 字段值;
		};
		logging {
		      字段 字段值;
		};
		zone "区域名" IN { #局部配置
		              #对某个区域生效
		      type 区域类型;
		      file "区域文件名";
		};	

@ Linux 系统管理与服务

续表

序　号	实施的具体步骤	注 意 事 项	学生自评

3	■　　　　};
	　　};
	
	zone "." IN {
	　　　　type hint;
	　　　　file " named. ca";
	　　};
	include " /etc/salesnamed.zones";
	include " /etc/named.root.key";		

4	配置正、反向解析区域。
	（1）参照全局配置文件 named.conf 中的语句 include"/etc/salesnamed. zones"；在路径/etc/下创建文件 salesnamed.zones。
	（2）通过复制 /etc/named.rfc1912. zones 文件创建 salesnamed.zones 文件。
	（3）添加正向解析区域：
	zone "sales.com" IN {
	　　　　type master;
	　　　　file "sales.com.zone";
	　　　　allow-update { none; };
	　　};
	
	（4）添加反向解析区域：
	zone "232.168.192.in-addr.arpa" IN {
	　　　　type master;
	　　　　file "3.232.168.192.zone";
	　　　　allow-update { none; };
	　　};
		正、反向解析区域内容是以追加的方式编辑的。	

5	创建正、反向区域文件。 （1）创建正向区域文件。 在路径/var/named 下，通过复制文件 /var/named/named.localhost 创建正向区域文件 sales.com.zone。 [root@master named]# pwd /var/named [root@master named]# cp -p named.localhost sales.com.zone	（1）"sales.com.zone" 文件是在正向解析区域中定义的。 （2）"3.232.168.192.zone" 文件是在反向解析区域中定义的。 （3）正、反向区域文件存放在/var/named 路径下。 （4）创建的正、反向区域文件名必须和正、反向解析区域中定义的文件名一致。	

156

学习情境八 配置与管理 DNS 服务器

续表

序号	实施的具体步骤	注意事项	学生自评
5	（2）创建反向区域文件。 在路径/var/named 下，通过复制文件/var/named/named.loopback 创建反向区域文件 3.232.168.192.zone。 [root@master named]# pwd /var/named [root@master named]# cp -p named.loopback 3.232.168.192.zone		
6	编辑正、反向区域文件。 （1）编辑正向区域文件。 （2）编辑反向区域文件。 	（1）正、反向区域文件中的所有记录行都要顶头写，前面不留空格。 （2）关键字用 Tab 键分隔。 （3）主机域名后面没有点"."。 （4）资源记录类型及内容。 | 类　型	内　　容
---	---
A	将 DNS 域名映射到 IPv4 地址，用于说明一个域名对应了哪些 IPv4 地址。
NS	权威名称服务器记录，用于说明这个区域有哪些 DNS 服务器负责解析。
CNAME	别名记录，主机别名对应的规范名称。
SOA	起始授权机构记录，NS 记录说明了有多台服务器在进行解析，但哪一个才是主服务器，NS 并没有说明，SOA 记录说明了在众多 NS 记录里哪一台才是主服务器。
PTR	IP 地址反向解析，是 A 记录的逆向记录，作用是把 IP 地址解析为域名。		

157

@ Linux 系统管理与服务

续表

序 号	实施的具体步骤	注 意 事 项		学生自评
6		MX	邮件交换记录,指定负责接收和发送到域中的电子邮件的主机。	
		TXT	文本资源记录,用来为某个主机名或域名设置的说明。	
		AAAA	将 DNS 域名映射到 IPv6 地址,用于说明一个域名对应了哪些 IPv6 地址。	
7	启动 DNS 服务器。 [root@master named]# systemctl stop firewalld [root@master named]# systemctl start named.service	注意事项一: 需要关闭防火墙。 注意事项二: 启动 DNS 服务器。 (1) 启动 DNS 服务器。 #systemctl start named.service (2) 查看 DNS 服务器运行状态。 #systemctl status named.service (3) 重启 DNS 服务器。 #systemctl restart named.service (4) 停止 DNS 服务器。 #systemctl stop named.service (5) 设置开机自动启动 DNS 服务器。 #systemctl enable named.service		

实施说明:

按照安装 DNS 服务器软件—修改全局配置文件 named.conf—配置正、反向解析区域—创建正、反向区域文件—编辑正、反向区域文件—启动 DNS 服务器的流程执行。

	班 级		第 组	组长签字	
实施的评价	教师签字		日 期		
	评语:				

158

5. 配置 DNS 服务器的检查单

学习情境八	配置与管理 DNS 服务器		学 时	6 学时
典型工作过程描述	1. 掌握 DNS 域名解析的工作原理—2. 配置 DNS 服务器—3. 配置与测试 DNS 客户端			
序 号	检查项目（具体步骤的检查）	检 查 标 准	小组自查（检查是否完成以下步骤，完成打√，没完成打×）	小组互查（检查是否完成以下步骤，完成打√，没完成打×）
1	DNS 服务器软件的安装情况。	DNS 服务器软件安装完成。		
2	全局配置文件 named.conf 的编辑。	options、logging、zones 设置正确。		
3	正、反向解析区域的编辑。	正向区域、反向区域设置正确。		
4	正、反向解析区域文件的编辑。	正向区域文件、反向区域文件设置正确。		
5	DNS 服务器的启动状态。	DNS 服务器正常启动。		
检查的评价	班 级		第 组	组长签字	
	教师签字		日 期		
	评语：				

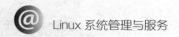

6. 配置 DNS 服务器的评价单

学习情境八	配置与管理 DNS 服务器	学　时	6 学时
典型工作过程描述	1. 掌握 DNS 域名解析的工作原理—2. 配置 DNS 服务器—3. 配置与测试 DNS 客户端			
评 价 项 目	评 分 维 度	组 长 评 分	教 师 评 价
小组 1 配置 DNS 服务器的阶段性结果	1. DNS 服务器软件安装完成。 2. 正确配置全局配置文件 named.conf。 3. 正确设置正向区域、反向区域。 4. 正确设置正向区域文件、反向区域文件。 5. 正常启动 DNS 服务器。		
小组 2 配置 DNS 服务器的阶段性结果	1. DNS 服务器软件安装完成。 2. 正确配置全局配置文件 named.conf。 3. 正确设置正向区域、反向区域。 4. 正确设置正向区域文件、反向区域文件。 5. 正常启动 DNS 服务器。		
小组 3 配置 DNS 服务器的阶段性结果	1. DNS 服务器软件安装完成。 2. 正确配置全局配置文件 named.conf。 3. 正确设置正向区域、反向区域。 4. 正确设置正向区域文件、反向区域文件。 5. 正常启动 DNS 服务器。		
小组 4 配置 DNS 服务器的阶段性结果	1. DNS 服务器软件安装完成。 2. 正确配置全局配置文件 named.conf。 3. 正确设置正向区域、反向区域。 4. 正确设置正向区域文件、反向区域文件。 5. 正常启动 DNS 服务器。		
评价的评价	班　级　　　　　　　　　　　第　　组　　组长签字 教师签字　　　　　　　　　　日　　期 评语：			

任务三　配置与测试 DNS 客户端

1. 配置与测试 DNS 客户端的资讯单

学习情境八	配置与管理 DNS 服务器	学　　时	6 学时
典型工作过程描述	1. 掌握 DNS 域名解析的工作原理—2. 配置 DNS 服务器—**3. 配置与测试 DNS 客户端**		
收集资讯的方式	1. 查看《客户需求单》。 2. 查看教师提供的《学习性工作任务单》。 3. 查看 Linux 服务器搭建与管理相关书籍。		
资讯描述	1. 回顾 DNS 域名解析的工作原理。 2. Linux 系统下客户端的配置与测试。 3. Windows 系统下客户端的配置与测试。		
对学生的要求	1. 掌握 Linux 系统下客户端的配置与测试。 2. 掌握 Windows 系统下客户端的配置与测试。		
参考资料	1. 程宁，吴丽萍，王兴宇. Linux 服务器搭建与管理[M]. 上海：上海交通大学出版社，2018。 2. Linux 服务器搭建与管理相关书籍，CSDN 论坛。		
资讯的评价	班　级		第　　组	组长签字	
	教师签字		日　　期		
	评语：				

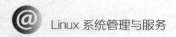

2. 配置与测试 DNS 客户端的计划单

学习情境八	配置与管理 DNS 服务器	学　时	6 学时
典型工作过程描述	1. 掌握 DNS 域名解析的工作原理—2. 配置 DNS 服务器—3. **配置与测试 DNS 客户端**		
计划制订的方式	1. 请教教师。 2. 小组讨论。		
序　号	具体工作步骤	注 意 事 项	
1	Linux 系统下客户端的配置。		
2	Linux 系统下客户端的测试。		
3	Windows 系统下客户端的配置。		
4	Windows 系统下客户端的测试。		
计划的评价	班　级		第　　组	组长签字	
	教师签字		日　期		
	评语：				

3. 配置与测试 DNS 客户端的决策单

学习情境八	配置与管理 DNS 服务器	学 时	6 学时
典型工作过程描述	1. 掌握 DNS 域名解析的工作原理—2. 配置 DNS 服务器—**3. 配置与测试 DNS 客户端**		
计 划 对 比			
序 号	以下哪个命令可以测试 DNS 服务器的工作情况?	正确与否 (正确打√,错误打×)	
1	dig		
2	nslookup		
3	host		
4	named-checkzone		
	班 级		第 组	组长签字	
	教师签字		日 期		
决策的评价	评语:			

4. 配置与测试 DNS 客户端的实施单

学习情境八	配置与管理 DNS 服务器		学 时	6 学时
典型工作过程描述	1. 掌握 DNS 域名解析的工作原理—2. 配置 DNS 服务器—3. 配置与测试 DNS 客户端			
序 号	实施的具体步骤	注 意 事 项		学 生 自 评
1	Linux 客户端的配置。 在 Linux 系统中配置客户端，需要编辑文件/etc/resolv.conf，使用 nameserver 选项指定 DNS 服务器的 IP 地址。 [root@slave1 ~]# vim /etc/resolv.conf 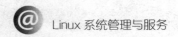	resolv.conf 文件中的域名服务器的 IP 地址不正确。	
2	Linux 客户端的测试。 [root@slave1 ~]# nslookup > 192.168.232.3 3.232.168.192.in-addr.arpa　name = dns.sales.com. > dns.sales.com Server:　　　192.168.232.3 Address:　　192.168.232.3#53 Name:　dns.sales.com Address: 192.168.232.3 > oa.sales.com Server:　　　192.168.232.3 Address:　　192.168.232.3#53 oa.sales.com　canonical name = computer3.sales.com. Name:　computer3.sales.com Address: 192.168.232.103 > exit	在配置文件名写错的情况下，运行 nslookup 命令不会出现命令提示符 ">"。	

学习情境八　配置与管理 DNS 服务器

续表

序　号	实施的具体步骤	注　意　事　项	学　生　自　评
3	Windows 客户端的配置。 在"首选 DNS 服务器(P)"和"备用 DNS 服务器(A)"中输入 DNS 服务器的 IP 地址。		

实施说明：

1. 在 Linux 客户端配置与测试。
2. 在 Windows 客户端配置与测试。

实施的评价	班　级		第　　组		组长签字	
	教师签字		日　期			
	评语：					

165

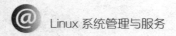

5. 配置与测试 DNS 客户端的检查单

学习情境八	配置与管理 DNS 服务器		学　时	6 学时
典型工作过程描述	1. 掌握 DNS 域名解析的工作原理—2. 配置 DNS 服务器—3. 配置与测试 DNS 客户端			

序　号	检查项目 （具体步骤的检查）	检 查 标 准	小组自查 （检查是否完成以下步骤，完成打√，没完成打×）	小组互查 （检查是否完成以下步骤，完成打√，没完成打×）
1	Linux 系统下使用 nslookup 命令进行测试。	DNS 服务器正常运行。		
检查的评价	班　级		第　　组	组长签字	
^	教师签字		日　　期		
^	评语：				

6. 配置与测试 DNS 客户端的评价单

学习情境八	配置与管理 DNS 服务器		学　时	6 学时
典型工作过程描述	1. 掌握 DNS 域名解析的工作原理—2. 配置 DNS 服务器—**3. 配置与测试 DNS 客户端**			
评 价 项 目	评 分 维 度	组 长 评 分		教 师 评 价
小组 1 配置与测试 DNS 客户端的阶段性结果	DNS 服务器在 Linux 系统客户端正常运行				
小组 2 配置与测试 DNS 客户端的阶段性结果	DNS 服务器在 Linux 系统客户端正常运行				
小组 3 配置与测试 DNS 客户端的阶段性结果	DNS 服务器在 Linux 系统客户端正常运行				
小组 4 配置与测试 DNS 客户端的阶段性结果	DNS 服务器在 Linux 系统客户端正常运行				
评价的评价	班　　级		第　　组	组长签字	
^	教师签字		日　　期		
^	评语：				

学习情境九　配置与管理 Web 服务器

客户需求单

客户需求

配置虚拟目录。

在 IP 地址为 192.168.232.3 的 Apache 服务器中，创建名为/index/的虚拟目录，它对应的物理路径是/usr/web，并在客户端进行测试。

配置基于 IP 地址的虚拟主机。

Apache 服务器具有 192.168.232.3 和 192.168.232.13 两个 IP 地址。现将两个不同的网站分别绑在这两个 IP 地址上，创建基于这两个 IP 地址的不同的虚拟主机，要求不同的虚拟主机对应的主目录不同，默认文档内容也不同。

IP 地址	主　目　录	默认文档（index.html）内容
192.168.232.3	/var/www/html/web1	\<h1>This is 192.168.232.3's websit\</h1>
192.168.232.13	/var/www/html/web2	\<h1>This is 192.168.232.13's websit\</h1>

配置基于域名的虚拟主机。

Apache 服务器的 IP 地址为 192.168.232.3。现将两个不同的网站分别绑在 dns.sales.com 和 www.sales.com 上，创建基于这两个域名的不同的虚拟主机，要求不同的虚拟主机对应的主目录不同，默认文档内容也不同。

域　　名	主　目　录	默认文档（index.html）内容
www1.sales.com	/var/www/html/web1	\<h1>This is www1.sales.com's websit\</h1>
www2.sales.com	/var/www/html/web2	\<h1>This is www2.sales.com's websit\</h1>

配置基于端口号的虚拟主机。

Apache 服务器的 IP 地址为 192.168.232.3。现将两个不同的网站分别绑在 8088 和 8089 两个端口号上，创建基于这两个端口号的不同的虚拟主机，要求不同的虚拟主机对应的主目录不同，默认文档内容也不同。

端　口　号	主　目　录	默认文档（index.html）内容
8088	/var/www/html/web1	\<h1>This is 8088's websit\</h1>
8089	/var/www/html/web2	\<h1>This is 8089's websit\</h1>

学习性工作任务单

学习情境九	配置与管理 Web 服务器	学 时	6 学时
典型工作过程描述	1. Web 服务器概述—2. 安装与测试 Apache 服务器—3. 配置虚拟目录—4. 配置基于 IP 地址的虚拟主机—5. 配置基于域名的虚拟主机—6. 配置基于端口号的虚拟主机		
学习目标	**1. Web 服务器概述的学习目标。** （1）了解什么是 Web 服务器。 （2）了解什么是 HTTP。 （3）掌握客户端访问 Web 服务器的 4 个过程。 **2. 安装与测试 Apache 服务器的学习目标。** （1）掌握 Apache 服务器的安装。 （2）掌握 Apache 服务器的启动、停止、重启、状态查看及开机自动启动操作。 （3）掌握测试 Apache 服务器的方法。 **3. 配置虚拟目录的学习目标。** （1）理解虚拟目录的概念。 （2）掌握配置虚拟目录的作用。 （3）掌握配置虚拟目录的方法。 （4）掌握测试虚拟目录的方法。 **4. 配置基于 IP 地址的虚拟主机的学习目标。** （1）掌握给同一物理网卡设置多个 IP 地址的方法。 （2）掌握基于 IP 地址的虚拟主机配置方法。 （3）掌握基于 IP 地址的虚拟主机测试方法。 **5. 配置基于域名的虚拟主机的学习目标。** （1）掌握建立将 DNS 服务器中多个主机资源记录解析到同一个 IP 地址的方法。 （2）掌握基于域名的虚拟主机配置方法。 （3）掌握基于域名的虚拟主机测试方法。 **6. 配置基于端口号的虚拟主机的学习目标。** （1）掌握全局环境指令 Listen 的使用方法。 （2）掌握基于端口号的虚拟主机配置方法。 （3）掌握基于端口号的虚拟主机测试方法。		
任务描述	**1. Web 服务器概述**：第一，让学生明白客户端访问 Web 服务器的过程；第二，让学生能够通过自己的语言清晰准确地描述客户端访问 Web 服务器的过程。 **2. 安装与测试 Apache 服务器**：第一，检查 Apache 服务器软件是否安装；第二，若未安装 Apache 服务器软件，则安装 Apache 服务器软件；第三，测试 httpd 服务是否安装成功。 **3. 配置虚拟目录**：第一，创建虚拟目录对应的物理目录；第二，创建物理目录中的默认首页文件；第三，修改默认首页文件权限；第四，修改主配置文件 httpd.conf；第五，重启 httpd 服务；第六，测试。		

任务描述	**4.** **配置基于 IP 地址的虚拟主机**：第一，给同一个物理网卡设置多个 IP 地址；第二，创建主目录；第三，创建默认首页文件 index.html；第四，修改主配置文件 httpd.conf；第五，重启 httpd 服务；第六，测试。 **5.** **配置基于域名的虚拟主机**：第一，将 DNS 服务器中多个主机资源记录解析到同一个 IP 地址；第二，创建主目录；第三，创建默认首页文件 index.html；第四，修改主配置文件 httpd.conf；第五，重启 httpd 服务；第六，测试。 **6.** **配置基于端口号的虚拟主机**：第一，设置全局环境指令 Listen；第二，创建主目录；第三，创建默认首页文件 index.html；第四，修改主配置文件 httpd.conf；第五，重启 httpd 服务；第六，测试。					

学时安排	资讯 0.3 学时	计划 0.3 学时	决策 0.3 学时	实施 4.5 学时	检查 0.3 学时	评价 0.3 学时
对学生的要求	1. 养成积极主动思考问题的习惯，并锻炼思考的全面性、准确性与逻辑性。 2. 通过配置与管理 Web 服务器，培养实践动手能力、综合运用知识的能力、解决实际问题的能力。 3. 培养分析问题、解决问题及总结问题的能力。					
参考资料	1. 程宁，吴丽萍，王兴宇. Linux 服务器搭建与管理[M]. 上海：上海交通大学出版社，2018。 2. Linux 服务器搭建与管理相关书籍，CSDN 论坛。					

教学和学习 方式和流程	典型工作环节	教学和学习的方式					
	1. Web 服务器概述	资讯	计划	决策	实施	检查	评价
	2. 安装与测试 Apache 服务器	资讯	计划	决策	实施	检查	评价
	3. 配置虚拟目录	资讯	计划	决策	实施	检查	评价
	4. 配置基于 IP 地址的虚拟主机	资讯	计划	决策	实施	检查	评价
	5. 配置基于域名的虚拟主机	资讯	计划	决策	实施	检查	评价
	6. 配置基于端口号的虚拟主机	资讯	计划	决策	实施	检查	评价

材料工具清单

学习情境九		配置与管理 Web 服务器		学 时		6 学时			
典型工作过程描述		1.Web 服务器概述—2.安装与测试 Apache 服务器—3.配置虚拟目录—4.配置基于 IP 地址的虚拟主机—5.配置基于域名的虚拟主机—6.配置基于端口号的虚拟主机							
典型工作过程	序号	名称	作用	数量	型号	使用量	使用者
1. Web 服务器概述	1	PC 机	上课	1		1	学生
2. 安装与测试 Apache 服务器	2	PC 机	上课	1		1	学生
	3	装有 CentOS7 系统的 VMware Workstation Pro	上课	1		1	学生
3. 配置虚拟目录	4	PC 机	上课	1		1	学生
	5	装有 CentOS7 系统的 VMware Workstation Pro	上课	1		1	学生
4. 配置基于 IP 地址的虚拟主机	6	PC 机	上课	1		1	学生
	7	装有 CentOS7 系统的 VMware Workstation Pro	上课	1		1	学生
5. 配置基于域名的虚拟主机	8	PC 机	上课	1		1	学生
	9	装有 CentOS7 系统的 VMware Workstation Pro	上课	1		1	学生
6. 配置基于端口号的虚拟主机	10	PC 机	上课	1		1	学生
	11	装有 CentOS7 系统的 VMware Workstation Pro	上课	1		1	学生
班 级			第 组		组长签字				
教师签字			日 期						

任务一　Web 服务器概述

1. Web 服务器概述的资讯单

学习情境九	配置与管理 Web 服务器	学　　时	6 学时
典型工作过程描述	**1. Web 服务器概述**—2. 安装与测试 Apache 服务器—3. 配置虚拟目录—4. 配置基于 IP 地址的虚拟主机—5. 配置基于域名的虚拟主机—6. 配置基于端口号的虚拟主机		
收集资讯的方式	1. 查看《客户需求单》。 2. 查看教师提供的《学习性工作任务单》。 3. 查看 Linux 服务器搭建与管理相关书籍。		
资讯描述	1. 了解什么是 Web 服务器。 2. 了解什么是 HTTP。 3. 掌握客户端访问 Web 服务器的 4 个过程。		
对学生的要求	能够使用自己的语言清晰准确地描述客户端访问 Web 服务器的 4 个过程。		
参考资料	1. 程宁，吴丽萍，王兴宇. Linux 服务器搭建与管理[M]. 上海：上海交通大学出版社，2018。 2. Linux 服务器搭建与管理相关书籍，CSDN 论坛。		
资讯的评价	班　　级		第　　组	组长签字
^	教师签字		日　　期	
^	评语：			

2. Web 服务器概述的计划单

学习情境九	配置与管理 Web 服务器	学　时	6 学时
典型工作过程描述	**1. Web 服务器概述**—2. 安装与测试 Apache 服务器—3. 配置虚拟目录—4. 配置基于 IP 地址的虚拟主机—5. 配置基于域名的虚拟主机—6. 配置基于端口号的虚拟主机		
计划制订的方式	1. 查看《客户需求单》。 2. 查看《学习性工作任务单》。 3. 小组讨论。		

序号	具体工作步骤	注 意 事 项	
1	理解什么是 Web 服务器。		
2	理解什么是 HTTP。		
3	掌握客户端访问 Web 服务器的 4 个过程。		
计划的评价	班　级		第　组	组长签字	
	教师签字		日　期		
	评语：			

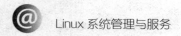

3. Web 服务器概述的决策单

学习情境九	配置与管理 Web 服务器	学 时	6 学时
典型工作过程描述	**1. Web 服务器概述**—2. 安装与测试 Apache 服务器—3. 配置虚拟目录—4. 配置基于 IP 地址的虚拟主机—5. 配置基于域名的虚拟主机—6. 配置基于端口号的虚拟主机			

序 号	HTTP 请求的默认端口是？	正确与否（正确打√，错误打×）
1	80	
2	8080	
3	8090	
4	8020	

班 级		第 组		组长签字	
教师签字		日 期			
决策的评价	评语：				

学习情境九　配置与管理 Web 服务器

4. Web 服务器概述的实施单

学习情境九	配置与管理 Web 服务器	学　　时	6 学时
典型工作过程描述	**1. Web 服务器概述**—2. 安装与测试 Apache 服务器—3. 配置虚拟目录—4. 配置基于 IP 地址的虚拟主机—5. 配置基于域名的虚拟主机—6. 配置基于端口号的虚拟主机		
序　号	实施的具体步骤	注　意　事　项	学 生 自 评
1	什么是 Web 服务器？ WWW（World Wide Web，万维网），也称为 Web、3W 等，是基于客户机/服务器方式的信息发现技术和超文本技术的综合。WWW 服务器通过超文本标记语言（HTML）把信息组织成为图文并茂的超文本，利用超链接将彼此关联的文档组成的信息连接在一起。 Web 服务器通常可以分为静态 Web 服务器和动态 Web 服务器。		
2	什么是 HTTP？ HTTP（Hypertext Transfer Protocol，超文本传输协议）是 www 浏览器和 www 服务器之间的应用层通信协议。HTTP 协议是用于分布式协作超文本信息系统的、通用的、面向对象的协议。通过扩展命令，可用于类似的任务，如域名服务或分布式面向对象系统。 客户端访问 Web 服务器的过程包括 4 个步骤。 （1）建立连接（Connection）：客户端的浏览器向服务端发出建立连接的请求，服务端给出响应就可以建立连接了。 （2）发送请求（Request）：客户端按照协议的要求通过连接向服务端发送自己的请求。 （3）给出应答（Response）：服务端按照客户端的要求给出应答，把结果（HTML 文件）返回给客户端。 （4）关闭连接（Close）：客户端接到应答后关闭连接。		

175

Linux 系统管理与服务

续表

实施说明：						
实施的评价	班　　级		第　　组		组长签字	
	教师签字		日　　期			
	评语：					

5. Web 服务器概述的检查单

学习情境九	配置与管理 Web 服务器	学 时	6 学时
典型工作过程描述	**1. Web 服务器概述**—2. 安装与测试 Apache 服务器—3. 配置虚拟目录—4. 配置基于 IP 地址的虚拟主机—5. 配置基于域名的虚拟主机—6. 配置基于端口号的虚拟主机			
序 号	检查项目 （具体步骤的检查）	检 查 标 准	小组自查 （检查是否完成以下步骤，完成打 √，没完成打 ×）	小组互查 （检查是否完成以下步骤，完成打 √，没完成打 ×）
1	客户端访问 Web 服务器的 4 个过程。	能够通过自己的语言清晰准确地描述客户端访问 Web 服务器的整个过程。		
检查的评价	班　级：		第　　组	组长签字
	教师签字：		日　　期	
	评语：			

@ Linux 系统管理与服务

6. Web 服务器概述的评价单

学习情境九	配置与管理 Web 服务器		学　时	6 学时
典型工作过程描述	**1. Web 服务器概述**—2. 安装与测试 Apache 服务器—3. 配置虚拟目录—4. 配置基于 IP 地址的虚拟主机—5. 配置基于域名的虚拟主机—6. 配置基于端口号的虚拟主机			
评 价 项 目	评 分 维 度	组 长 评 分		教 师 评 价
小组 1 Web 服务器概述的阶段性结果	清晰、正确、叙述逻辑完整			
小组 2 Web 服务器概述的阶段性结果	清晰、正确、叙述逻辑完整			
小组 3 Web 服务器概述的阶段性结果	清晰、正确、叙述逻辑完整			
小组 4 Web 服务器概述的阶段性结果	清晰、正确、叙述逻辑完整			
评价的评价	班　级		第　　组	组长签字	
	教师签字		日　期		
	评语：				

178

任务二 安装与测试 Apache 服务器

1. 安装与测试 Apache 服务器的资讯单

学习情境九	配置与管理 Web 服务器	学　时	6 学时
典型工作过程描述	1. Web 服务器概述—**2. 安装与测试 Apache 服务器**—3. 配置虚拟目录—4. 配置基于 IP 地址的虚拟主机—5. 配置基于域名的虚拟主机—6. 配置基于端口号的虚拟主机			
收集资讯的方式	1. 查看《客户需求单》。 2. 查看教师提供的《学习性工作任务单》。 3. 查看 Linux 服务器搭建与管理相关书籍。			
资讯描述	1. 掌握使用 yum 源安装 Apache 服务器的方法。 2. 掌握 httpd 服务测试方法。 3. 掌握 httpd 服务的启动、重启、关闭、状态查看和开机自动启动操作。			
对学生的要求	1. 能够正确安装 Apache 服务器。 2. 能够正确启动 httpd 服务。			
参考资料	1. 程宁，吴丽萍，王兴宇. Linux 服务器搭建与管理[M]. 上海：上海交通大学出版社，2018。 2. Linux 服务器搭建与管理相关书籍，CSDN 论坛。			
资讯的评价	班　级		第　组	组长签字
	教师签字		日　期	
	评语：			

2. 安装与测试 Apache 服务器的计划单

学习情境九	配置与管理 Web 服务器	学 时	6 学时
典型工作过程描述	1. Web 服务器概述—**2. 安装与测试 Apache 服务器**—3. 配置虚拟目录—4. 配置基于 IP 地址的虚拟主机—5. 配置基于域名的虚拟主机—6. 配置基于端口号的虚拟主机			
计划制订的方式	1. 请教教师。 2. 小组讨论。			

序 号	具体工作步骤	注 意 事 项
1	检查 Apache 服务器软件是否安装。	
2	若未安装 Apache 服务器软件,则安装 Apache 服务器软件。	
3	测试 httpd 服务是否安装成功。	

计划的评价	班 级		第 组	组长签字	
	教师签字		日 期		
	评语:				

180

3. 安装与测试 Apache 服务器的决策单

学习情境九		配置与管理 Web 服务器		学　　时	6 学时
典型工作过程描述		\multicolumn{4}{l	}{1. Web 服务器概述—2. 安装与测试 Apache 服务器—3. 配置虚拟目录—4. 配置基于 IP 地址的虚拟主机—5. 配置基于域名的虚拟主机—6. 配置基于端口号的虚拟主机}
\multicolumn{6}{c	}{计 划 对 比}
序　号	\multicolumn{4}{c	}{手工安装 Apache 服务器时，默认的 Web 站点的目录为？}	正确与否 （正确打√，错误打×）
1	\multicolumn{4}{c	}{/etc/httpd}	
2	\multicolumn{4}{c	}{/var/www/html}	
3	\multicolumn{4}{c	}{/etc/home}	
4	\multicolumn{4}{c	}{/home/httpd}	
决策的评价	班　级		第　　组	组长签字	
	教师签字		日　　期		
	评语：				

181

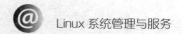

4. 安装与测试 Apache 服务器的实施单

学习情境九	配置与管理 Web 服务器		学　时	6 学时
典型工作过程描述		1.Web 服务器概述—**2.安装与测试 Apache 服务器**—3.配置虚拟目录—4.配置基于 IP 地址的虚拟主机—5.配置基于域名的虚拟主机—6.配置基于端口号的虚拟主机

序　号	实施的具体步骤	注　意　事　项	学生自评
1	检查 Apache 服务器软件是否安装，如果已安装，则省略步骤 2。 [root@master etc]# rpm -qa|grep httpd httpd-2.4.6-90.el7.centos.x86_64 httpd-manual-2.4.6-90.el7.centos.noarch httpd-tools-2.4.6-90.el7.centos.x86_64	Apache 服务器所需软件。 （1）httpd-manual-2.4.6-95.el7.centos.noarch。 （2）httpd-2.4.6-95.el7.centos.x86_64。 （3）httpd-tools-2.4.6-95.el7.centos.x86_64。	
2	使用 yum 源安装 Apache 服务器软件。 [root@master etc]# yum clean all [root@master etc]# yum install -y httpd	本地 yum 源的配置方法。 （1）在 /etc/yum.repos.d 路径下创建文件 dvd.repo。 （2）编辑 dvd.repo 文件。 [dvd] name=dvd baseurl=file:///mnt/cdrom enabled=1 gpgcheck=0 [dvd] name=dvd baseurl=file: ///mnt/cdrom enabled=1 gpgcheck=0 （3）查看所有可安装的软件清单。 [root@master yum.repos.d]# yum list	
3	启动 httpd 服务。 [root@master etc]# systemctl start httpd.service	启动 httpd 服务。 （1）启动服务。 #systemctl start httpd.service （2）查看服务运行状态。 #systemctl status httpd.service （3）重启服务。 #systemctl restart httpd.service （4）停止服务。 #systemctl stop httpd.service （5）设置开机自动启动服务。 #systemctl enable httpd.service	

续表

序 号	实施的具体步骤	注 意 事 项	学生自评
4	测试 httpd 服务是否安装成功。		

实施说明:
按照安装 Apache 服务器软件—启动 httpd 服务—测试 httpd 服务的流程执行。

实施的评价	班　级		第　　组	组长签字	
	教师签字		日　期		
	评语:				

5. 安装与测试 Apache 服务器的检查单

学习情境九	配置与管理 Web 服务器		学　时	6 学时
典型工作过程描述	1. Web 服务器概述—**2. 安装与测试 Apache 服务器**—3. 配置虚拟目录—4. 配置基于 IP 地址的虚拟主机—5. 配置基于域名的虚拟主机—6. 配置基于端口号的虚拟主机				
序　号	检查项目 （具体步骤的检查）	检　查　标　准	小组自查 （检查是否完成以下步骤，完成打√，没完成打×）	小组互查 （检查是否完成以下步骤，完成打√，没完成打×）	
1	Apache 服务器所需软件。	Apache 服务器所需软件安装成功。			
2	启动 httpd 服务。	httpd 服务能正常启动。			
检查的评价	班　级		第　组	组长签字	
^	教师签字		日　期		
^	评语：				

6. 安装与测试 Apache 服务器的评价单

学习情境九	配置与管理 Web 服务器	学　时	6 学时
典型工作过程描述	1. Web 服务器概述—**2.安装与测试 Apache 服务器**—3. 配置虚拟目录—4. 配置基于 IP 地址的虚拟主机—5. 配置基于域名的虚拟主机—6. 配置基于端口号的虚拟主机			
评 价 项 目	评 分 维 度	组 长 评 分	教 师 评 价
小组 1 安装与测试 Apache 服务器的阶段性结果	1. Apache 服务器软件安装完成。 2. 正常启动 httpd 服务。		
小组 2 安装与测试 Apache 服务器的阶段性结果	1. Apache 服务器软件安装完成。 2. 正常启动 httpd 服务。		
小组 3 安装与测试 Apache 服务器的阶段性结果	1. Apache 服务器软件安装完成。 2. 正常启动 httpd 服务。		
小组 4 安装与测试 Apache 服务器的阶段性结果	1. Apache 服务器软件安装完成。 2. 正常启动 httpd 服务。		
评价的评价	班　级		第　　组	组长签字	
^	教师签字		日　　期		
^	评语：			

任务三 配置虚拟目录

1. 配置虚拟目录的资讯单

学习情境九	配置与管理 Web 服务器	学　　时	6 学时
典型工作过程描述	1. Web 服务器概述—2. 安装与测试 Apache 服务器—**3.配置虚拟目录**—4. 配置基于 IP 地址的虚拟主机—5. 配置基于域名的虚拟主机—6. 配置基于端口号的虚拟主机			
收集资讯的方式	1. 查看《客户需求单》。 2. 查看教师提供的《学习性工作任务单》。 3. 查看 Linux 服务器搭建与管理相关书籍。			
资讯描述	1. 掌握虚拟目录的配置流程。 2. 掌握虚拟目录的配置方法。 3. 掌握虚拟目录的测试方法。			
对学生的要求	1. 能够正确配置虚拟目录。 2. 能够正确测试虚拟目录。			
参考资料	1. 程宁，吴丽萍，王兴宇. Linux 服务器搭建与管理[M]. 上海：上海交通大学出版社，2018。 2. Linux 服务器搭建与管理相关书籍，CSDN 论坛。			
资讯的评价	班　级		第　　组	组长签字	
:::	教师签字		日　　期		
:::	评语：				

2. 配置虚拟目录的计划单

学习情境九		配置与管理 Web 服务器		学 时	6 学时
典型工作过程描述		1. Web 服务器概述—2. 安装与测试 Apache 服务器—**3. 配置虚拟目录**—4. 配置基于 IP 地址的虚拟主机—5. 配置基于域名的虚拟主机—6. 配置基于端口号的虚拟主机			
计划制订的方式		1. 请教教师。 2. 小组讨论。			
序 号	具体工作步骤		注 意 事 项		
1	创建虚拟目录对应的物理目录。				
2	创建物理目录中的默认首页文件。				
3	修改默认首页文件权限。				
4	修改主配置文件 httpd.conf。				
5	重启 httpd 服务。				
6	测试。				
rowspan="3" 计划的评价	班 级		第 组		组长签字	
	教师签字		日 期			
	评语：				

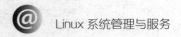

3. 配置虚拟目录的决策单

学习情境九	配置与管理 Web 服务器		学　　时	6 学时
典型工作过程描述	1. Web 服务器概述—2. 安装与测试 Apache 服务器—3. 配置虚拟目录—4. 配置基于 IP 地址的虚拟主机—5. 配置基于域名的虚拟主机—6. 配置基于端口号的虚拟主机			
计 划 对 比				
序　号	要从 Web 站点主目录以外的其他目录发布站点，可以使用什么实现？			正确与否（正确打√，错误打×）
1	根目录			
2	虚拟目录			
3	主目录			
4	二级目录			
rowspan="3" 决策的评价	班　级		第　　组	组长签字	
	教师签字		日　　期		
	评语：			

188

4. 配置虚拟目录的实施单

学习情境九		配置与管理 Web 服务器	学 时	6 学时
典型工作过程描述		1. Web 服务器概述—2. 安装与测试 Apache 服务器—**3. 配置虚拟目录**—4. 配置基于 IP 地址的虚拟主机—5. 配置基于域名的虚拟主机—6. 配置基于端口号的虚拟主机		
序　号	实施的具体步骤		注 意 事 项	学 生 自 评
1	创建虚拟目录对应的物理目录。 [root@master etc]# mkdir /usr/web		1. 虚拟目录一般是位于主目录之外的目录。 2. 虚拟目录在命名时不要使用关键字。	
2	创建物理目录中的默认首页文件。 [root@master etc]# cd /usr/web [root@master web]# echo "\<h1\>this is virtual directory sample.\</h1\>">>index.html			
3	修改默认首页文件权限，使其他用户具有可读和可执行权限。 [root@master web]# chmod 705 index.html		默认首页上一级目录的权限。	
4	修改主配置文件 httpd.conf。 \<IfModule alias_module\> 　　Alias /myindex/ /usr/web/ 　　ScriptAlias /cgi-bin/ "/var/www/cgi-bin/" \</IfModule\> \<Directory "/usr/web/"\> 　　AllowOverride None 　　Options None 　　Require all granted \</Directory\>		注意/myindex/ /usr/web/ 和 /myindex/usr/web 写法的区别。	
5	重启 httpd 服务。 [root@master web2]# systemctl restart httpd.service			
6	测试。 　　在 Linux 系统的计算机 Web 浏览器地址栏中输入 http://192.168.232.3/usr/Web/，运行结果如下。 this is virtual directory sample.			

Linux 系统管理与服务

续表

实施说明：				
	班　级		第　　组	组长签字
	教师签字		日　　期	
实施的评价	评语：			

5. 配置虚拟目录的检查单

学习情境九		配置与管理 Web 服务器		学　　时	6 学时
典型工作过程描述		1.Web 服务器概述—2. 安装与测试 Apache 服务器—**3. 配置虚拟目录**—4. 配置基于 IP 地址的虚拟主机—5. 配置基于域名的虚拟主机—6. 配置基于端口号的虚拟主机			
序　号	检查项目（具体步骤的检查）	检 查 标 准	小组自查（检查是否完成以下步骤，完成打√，没完成打×）	小组互查（检查是否完成以下步骤，完成打√，没完成打×）	
1	客户端测试虚拟目录。	虚拟目录配置成功。			
检查的评价	班　　级		第　　组	组长签字	
	教师签字		日　　期		
	评语：				

Linux 系统管理与服务

6. 配置虚拟目录的评价单

学习情境九	配置与管理 Web 服务器	学　时	6 学时
典型工作过程描述	1. Web 服务器概述—2. 安装与测试 Apache 服务器—**3. 配置虚拟目录**—4. 配置基于 IP 地址的虚拟主机—5. 配置基于域名的虚拟主机—6. 配置基于端口号的虚拟主机		
评价项目	评分维度	组长评分	教师评价
小组 1 配置虚拟目录的 阶段性结果	成功配置虚拟目录		
小组 2 配置虚拟目录的 阶段性结果	成功配置虚拟目录		
小组 3 配置虚拟目录的 阶段性结果	成功配置虚拟目录		
小组 4 配置虚拟目录的 阶段性结果	成功配置虚拟目录		
评价的评价	班　级		第　组	组长签字	
^	教师签字		日　期		
^	评语：			

任务四 配置基于 IP 地址的虚拟主机

1. 配置基于 IP 地址的虚拟主机的资讯单

学习情境九	配置与管理 Web 服务器	学　时	6 学时
典型工作过程描述	1. Web 服务器概述—2. 安装与测试 Apache 服务器—3. 配置虚拟目录—**4. 配置基于 IP 地址的虚拟主机**—5. 配置基于域名的虚拟主机—6. 配置基于端口号的虚拟主机		
收集资讯的方式	1. 查看《客户需求单》。 2. 查看教师提供的《学习性工作任务单》。 3. 查看 Linux 服务器搭建与管理相关书籍。		
资讯描述	1. 掌握给同一个物理网卡设置多个 IP 地址的方法。 2. 掌握基于 IP 地址的虚机主机的配置流程。 3. 掌握基于 IP 地址的虚机主机的配置方法。 4. 掌握基于 IP 地址的虚机主机的测试方法。		
对学生的要求	1. 能够正确配置基于 IP 地址的虚机主机。 2. 能够正确测试基于 IP 地址的虚机主机。		
参考资料	1. 程宁，吴丽萍，王兴宇. Linux 服务器搭建与管理[M]. 上海：上海交通大学出版社，2018。 2. Linux 服务器搭建与管理相关书籍，CSDN 论坛。		
资讯的评价	班　级		第　组		组长签字	
^	教师签字		日　期			
^	评语：					

2. 配置基于 IP 地址的虚拟主机的计划单

学习情境九	配置与管理 Web 服务器	学　时	6 学时
典型工作过程描述	1. Web 服务器概述—2. 安装与测试 Apache 服务器—3. 配置虚拟目录—**4. 配置基于 IP 地址的虚拟主机**—5. 配置基于域名的虚拟主机—6. 配置基于端口号的虚拟主机		
计划制订的方式	1. 请教教师。 2. 小组讨论。		

序　号	具体工作步骤	注 意 事 项
1	给同一个物理网卡设置多个 IP 地址。	
2	创建主目录。	
3	创建默认首页文件 index.html。	
4	修改主配置文件 httpd.conf。	
5	重启 httpd 服务。	
6	测试。	

计划的评价	班　级		第　　组		组长签字	
	教师签字		日　　期			
	评语：					

3. 配置基于 IP 地址的虚拟主机的决策单

学习情境九	配置与管理 Web 服务器	学　时	6 学时
典型工作过程描述	1. Web 服务器概述—2. 安装与测试 Apache 服务器—3. 配置虚拟目录—**4. 配置基于 IP 地址的虚拟主机**—5. 配置基于域名的虚拟主机—6. 配置基于端口号的虚拟主机			
计 划 对 比			
序　号	配置基于 IP 地址的虚拟主机需要用到下面哪个结构？		正确与否 （正确打√，错误打×）
1	NameVirtualhost IP 地址 <virtualhost IP 地址> ……ServerName XXX …… </virtualhost >		
2	Listen 端口号 1 Listen 端口号 2 <virtualhost IP 地址> …… </virtualhost >		
3	<virtualhost IP 地址> …… </virtualhost >		
4			
决策的评价	班　　级 || 第　　组	组长签字	
^	教师签字 || 日　　期		
^	评语：				

4. 配置基于 IP 地址的虚拟主机的实施单

学习情境九	配置与管理 Web 服务器		学 时	6 学时
典型工作过程描述	1. Web 服务器概述—2. 安装与测试 Apache 服务器—3. 配置虚拟目录—**4. 配置基于 IP 地址的虚拟主机**—5. 配置基于域名的虚拟主机—6. 配置基于端口号的虚拟主机			
序　号	实施的具体步骤	注 意 事 项	学 生 自 评	
1	给物理网卡 ens33 设置多个 IP 地址。 [root@master conf]# ifconfig ens33:1 192.168.232.3 netmask 255.255.255.0 up [root@master conf]# ifconfig ens33:2 192.168.232.13 netmask 255.255.255.0 up			
2	创建主目录/var/www/html/web1 和/var/www/html/web2。 [root@master html]# mkdir /var/www/html/web1 [root@master html]# mkdir /var/www/html/web2			
3	创建默认首页文件 index.html。 [root@master html]# cd /var/www/html/web1 [root@master web1]# echo "\<h1\>This is 192.168.232.3's websit.\</h1\>">>index.html [root@master web1]# cd /var/www/html/web2 [root@master web2]# echo "\<h1\>This is 192.168.232.13's websit.\</h1\>">>index.html			
4	修改主配置文件 httpd.conf，添加如下内容。 \<VirtualHost 192.168.232.3\> ServerAdmin root@localhost DocumentRoot /var/www/html/web1 DirectoryIndex index.html ErrorLog "/var/logs/web1_error_log" \</VirtualHost\> \<VirtualHost 192.168.232.13\> ServerAdmin root@localhost DocumentRoot /var/www/html/web2 DirectoryIndex index.html ErrorLog "/var/logs/web2_error_log" \</VirtualHost\>	目录 /var/www/html/web1、/var/www/html/web2、/var/logs/web1_error_log、/var/logs/web2_error_log 和文件 index.html 运行前需要手动创建。			
5	重启 httpd 服务。 [root@master web2]# systemctl restart httpd.service			
6	测试。 在 Linux 系统的计算机 Web 浏览器地址栏中输入 http://192.168.232.3，运行结果如下。 			

学习情境九 配置与管理 Web 服务器

续表

序　号	实施的具体步骤	注 意 事 项	学 生 自 评
6	输入 http://192.168.232.13，运行结果如下。		

实施说明：

实施的评价	班　级		第　组	组长签字	
	教师签字		日　期		
	评语：				

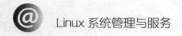

5. 配置基于 IP 地址的虚拟主机的检查单

学习情境九	配置与管理 Web 服务器	学 时	6 学时
典型工作过程描述	1. Web 服务器概述—2. 安装与测试 Apache 服务器—3. 配置虚拟目录—4. 配置基于 IP 地址的虚拟主机—5. 配置基于域名的虚拟主机—6. 配置基于端口号的虚拟主机		
序 号	检查项目 （具体步骤的检查）	检 查 标 准	小组自查 （检查是否完成以下步骤，完成打√，没完成打×）	小组互查 （检查是否完成以下步骤，完成打√，没完成打×）
1	基于 IP 地址的虚拟主机。	（1）基于 IP 地址的虚拟主机配置成功。 （2）掌握基于 IP 地址的虚拟主机的测试方法。		
检查的评价	班　级： 　　　　　　　　第　组　　组长签字 教师签字： 　　　　　　　　日　期 评语：			

198

6. 配置基于 IP 地址的虚拟主机的评价单

学习情境九	配置与管理 Web 服务器	学　时	6 学时
典型工作过程描述		1. Web 服务器概述—2. 安装与测试 Apache 服务器—3. 配置虚拟目录—**4. 配置基于 IP 地址的虚拟主机**—5. 配置基于域名的虚拟主机—6. 配置基于端口号的虚拟主机
评价项目	评分维度	组长评分	教师评价
小组 1 配置基于 IP 地址的虚拟主机的阶段性结果	1. 成功配置基于 IP 地址的虚拟主机。 2. 掌握基于 IP 地址的虚拟主机的测试方法。		
小组 2 配置基于 IP 地址的虚拟主机的阶段性结果	1. 成功配置基于 IP 地址的虚拟主机。 2. 掌握基于 IP 地址的虚拟主机的测试方法。		
小组 3 配置基于 IP 地址的虚拟主机的阶段性结果	1. 成功配置基于 IP 地址的虚拟主机。 2. 掌握基于 IP 地址的虚拟主机的测试方法。		
小组 4 配置基于 IP 地址的虚拟主机的阶段性结果	1. 成功配置基于 IP 地址的虚拟主机。 2. 掌握基于 IP 地址的虚拟主机的测试方法。		
评价的评价	班　级： 　　　　　第　组　　组长签字： 教师签字： 　　　　　日　期： 评语：		

任务五 配置基于域名的虚拟主机

1. 配置基于域名的虚拟主机的资讯单

学习情境九	配置与管理 Web 服务器	学　时	6 学时
典型工作过程描述	1. Web 服务器概述—2. 安装与测试 Apache 服务器—3. 配置虚拟目录—4. 配置基于 IP 地址的虚拟主机—**5. 配置基于域名的虚拟主机**—6. 配置基于端口号的虚拟主机		
收集资讯的方式	1. 查看《客户需求单》。 2. 查看教师提供的《学习性工作任务单》。 3. 查看 Linux 服务器搭建与管理相关书籍。		
资讯描述	1. 掌握将 DNS 服务器中多个主机资源记录解析到同一个 IP 地址的方法。 2. 掌握 NameVirtualHost 的用法。 3. 掌握基于域名的虚拟主机的配置流程。 4. 掌握基于域名的虚机主机的配置方法。 5. 掌握基于域名的虚机主机的测试方法。		
对学生的要求	1. 能够正确配置基于域名的虚机主机。 2. 能够正确测试基于域名的虚机主机。		
参考资料	1. 程宁，吴丽萍，王兴宇. Linux 服务器搭建与管理[M]. 上海：上海交通大学出版社，2018。 2. Linux 服务器搭建与管理相关书籍，CSDN 论坛。		

班　级		第　组	组长签字	
教师签字		日　期		
资讯的评价	评语：				

2. 配置基于域名的虚拟主机的计划单

学习情境九	配置与管理 Web 服务器	学　时	6 学时
典型工作过程描述	1. Web 服务器概述—2. 安装与测试 Apache 服务器—3. 配置虚拟目录—4. 配置基于 IP 地址的虚拟主机—**5. 配置基于域名的虚拟主机**—6. 配置基于端口号的虚拟主机		
计划制订的方式	1. 请教教师。 2. 小组讨论。		
序　号	具体工作步骤	注 意 事 项	
1	将 DNS 服务器中多个主机资源记录解析到同一个 IP 地址。		
2	创建主目录。		
3	创建默认首页文件 index.html。		
4	修改主配置文件 httpd.conf。		
5	重启 httpd 服务。		
6	测试。		
计划的评价	班　级　　　　　　第　组　　　组长签字 教师签字　　　　　　日　期 评语：		

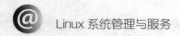

3. 配置基于域名的虚拟主机的决策单

学习情境九	配置与管理 Web 服务器	学 时	6 学时
典型工作过程描述	1. Web 服务器概述—2. 安装与测试 Apache 服务器—3. 配置虚拟目录—4. 配置基于 IP 地址的虚拟主机—**5. 配置基于域名的虚拟主机**—6. 配置基于端口号的虚拟主机		
计 划 对 比			
序 号	配置基于域名的虚拟主机需要用到下面哪个结构?	正确与否（正确打√，错误打×）	
1	NameVirtualhost IP 地址 <virtualhost IP 地址> ……ServerName XXX …… </virtualhost >		
2	Listen 端口号 1 Listen 端口号 2 <virtualhost IP 地址> …… </virtualhost >		
3	<virtualhost IP 地址> …… </virtualhost >		
4			
	班　级		第　组	组长签字	
	教师签字		日　期		
决策的评价	评语:			

4. 配置基于域名的虚拟主机的实施单

学习情境九 典型工作过程描述	配置与管理 Web 服务器 1. Web 服务器概述—2. 安装与测试 Apache 服务器—3. 配置虚拟目录—4. 配置基于 IP 地址的虚拟主机—**5. 配置基于域名的虚拟主机**—6. 配置基于端口号的虚拟主机		学　时	6 学时
序　号	实施的具体步骤	注 意 事 项		学 生 自 评
1	在本地 DNS 服务器中设置 IP 地址 192.168.232.3 对应的域名分别为 dns.sales.com 和 www.sales.com。 [root@master named] # nslookup >192.168.232.3 3.232.168.192.in- addr.arpa　　name = www1．sales.com. 3.232.168.192.in- addr. arpa　　name = dns. sales. com. 3.232.168.192.in- addr. arpa　　name = www2.sales. com. >exit■			
2	创建主目录 /var/www/html/web1 和 /var/www/html/web2。 [root@master html]# mkdir /var/www/html/web1 [root@master html]# mkdir /var/www/html/web2			
3	创建默认首页文件 index.html [root@master html]# cd /var/www/html/web1 [root@master web1]# echo "\<h1\>This is www1.sales.com's websit.\</h1\>">>index.html [root@master web1]# cd /var/www/html/web2 [root@master web2]# echo "\<h1\>This is www2.sales.com's websit.\</h1\>">>index.html			
4	修改主配置文件 httpd.conf，添加如下内容。 NameVirtualhost 192.168.232.3 \<VirtualHost 192.168.232.3\> ServerAdmin root@localhost DocumentRoot /var / www / html/web1 DirectoryIndex index. html ServerName www1．sales.com ErrorLog " /var/logs /web1 _error_log" \</VirtualHost\> \<VirtualHost 192.168.232.3\> ServerAdmin root@localhost DocumentRoot /var/www/html/web2 DirectoryIndex index.html ServerName www2.sales. com ErrorLog " /var/logs /web2_error_log" \</VirtualHost\>	目录 /var/www/html/ web1、/var/www/html/web2、/var/logs/web1_error_log、/var/logs/web2_error_log 和文件 index.html 运行前需要手动创建。		

续表

序　号	实施的具体步骤	注　意　事　项	学　生　自　评
5	重启 httpd 服务。 [root@master web2]# systemctl restart httpd.service		
6	测试。 　在 Linux 系统的计算机 Web 浏览器地址栏中输入 http://www1.sales.com/，运行结果如下。 This is www1.sales.com's websit. 输入 http://www2.sales.com/，运行结果如下。 This is www2.sales.com's websit.		

实施说明：

	班　级		第　　组	组长签字	
实施的评价	教师签字		日　期		
	评语：				

204

5. 配置基于域名的虚拟主机的检查单

学习情境九	配置与管理 Web 服务器	学　时	6 学时
典型工作过程描述	1. Web 服务器概述—2. 安装与测试 Apache 服务器—3. 配置虚拟目录—4. 配置基于 IP 地址的虚拟主机—**5. 配置基于域名的虚拟主机**—6. 配置基于端口号的虚拟主机			

序号	检查项目（具体步骤的检查）	检　查　标　准	小组自查（检查是否完成以下步骤，完成打√，没完成打×）	小组互查（检查是否完成以下步骤，完成打√，没完成打×）
1	基于域名的虚拟主机。	（1）基于域名的虚拟主机配置成功。 （2）掌握基于域名的虚拟主机的测试方法。		
	班　　级		第　　组	组长签字	
	教师签字		日　　期		
检查的评价	评语：				

Linux 系统管理与服务

6. 配置基于域名的虚拟主机的评价单

学习情境九	配置与管理 Web 服务器		学　时	6 学时
典型工作过程描述	1. Web 服务器概述—2. 安装与测试 Apache 服务器—3. 配置虚拟目录—4. 配置基于 IP 地址的虚拟主机—**5. 配置基于域名的虚拟主机**—6. 配置基于端口号的虚拟主机			
评 价 项 目	评 分 维 度	组 长 评 分		教 师 评 价
小组 1 配置基于域名的虚拟主机的阶段性结果	1. 成功配置基于域名的虚拟主机。 2. 掌握基于域名的虚拟主机的测试方法。			
小组 2 配置基于域名的虚拟主机的阶段性结果	1. 成功配置基于域名的虚拟主机。 2. 掌握基于域名的虚拟主机的测试方法。			
小组 3 配置基于域名的虚拟主机的阶段性结果	1. 成功配置基于域名的虚拟主机。 2. 掌握基于域名的虚拟主机的测试方法。			
小组 4 配置基于域名的虚拟主机的阶段性结果	1. 成功配置基于域名的虚拟主机。 2. 掌握基于域名的虚拟主机的测试方法。			
评价的评价	班　级		第　　组	组长签字	
	教师签字		日　期		
	评语：				

任务六 配置基于端口号的虚拟主机

1. 配置基于端口号的虚拟主机的资讯单

学习情境九	配置与管理 Web 服务器	学 时	6 学时
典型工作过程描述	1. Web 服务器概述—2. 安装与测试 Apache 服务器—3. 配置虚拟目录—4. 配置基于 IP 地址的虚拟主机—5. 配置基于域名的虚拟主机—**6. 配置基于端口号的虚拟主机**		
收集资讯的方式	1. 查看《客户需求单》。 2. 查看教师提供的《学习性工作任务单》。 3. 查看 Linux 服务器搭建与管理相关书籍。		
资讯描述	1. 了解什么是端口号。 2. 掌握全局环境指令 Listen 的用法。 3. 掌握基于端口号的虚机主机的配置流程。 4. 掌握基于端口号的虚机主机的配置方法。 5. 掌握基于端口号的虚机主机的测试方法。		
对学生的要求	1. 能够正确配置基于端口号的虚机主机。 2. 能够正确测试基于端口号的虚机主机。		
参考资料	1. 程宁，吴丽萍，王兴宇. Linux 服务器搭建与管理[M]. 上海：上海交通大学出版社，2018。 2. Linux 服务器搭建与管理相关书籍，CSDN 论坛。		
	班 级		第 组	组长签字	
	教师签字		日 期		
资讯的评价	评语：				

2. 配置基于端口号的虚拟主机的计划单

学习情境九	配置与管理 Web 服务器	学　时	6 学时
典型工作过程描述	1. Web 服务器概述—2. 安装与测试 Apache 服务器—3. 配置虚拟目录—4. 配置基于 IP 地址的虚拟主机—5. 配置基于域名的虚拟主机—**6. 配置基于端口号的虚拟主机**		
计划制订的方式	1. 请教教师。 2. 小组讨论。		

序　号	具体工作步骤	注 意 事 项
1	设置全局环境指令 Listen。	
2	创建主目录。	
3	创建默认首页文件 index.html。	
4	修改主配置文件 httpd.conf。	
5	重启 httpd 服务。	
6	测试。	

计划的评价	班　级		第　　组		组长签字	
	教师签字		日　　期			
	评语：					

3. 配置基于端口号的虚拟主机的决策单

学习情境九	配置与管理 Web 服务器	学　时	6 学时
典型工作过程描述	1. Web 服务器概述—2. 安装与测试 Apache 服务器—3. 配置虚拟目录—4. 配置基于 IP 地址的虚拟主机—5. 配置基于域名的虚拟主机—**6. 配置基于端口号的虚拟主机**		
计 划 对 比			
序　号	配置基于端口号的虚拟主机需要用到下面哪个结构？		正确与否（正确打√，错误打×）
1	NameVirtualhost IP 地址 <virtualhost IP 地址> ……ServerName XXX …… </virtualhost>		
2	Listen 端口号 1 Listen 端口号 2 <virtualhost IP 地址> …… </virtualhost>		
3	<virtualhost IP 地址> …… </virtualhost>		
4			
决策的评价	班　级 ||| 第　组	组长签字	
^	教师签字 ||| 日　期		
^	评语：				

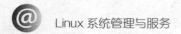

4. 配置基于端口号的虚拟主机的实施单

学习情境九	配置与管理 Web 服务器		学 时	6 学时
典型工作过程描述	1. Web 服务器概述—2. 安装与测试 Apache 服务器—3. 配置虚拟目录—4. 配置基于 IP 地址的虚拟主机—5. 配置基于域名的虚拟主机—**6. 配置基于端口号的虚拟主机**			
序 号	实施的具体步骤	注 意 事 项		学 生 自 评
1	在本地 DNS 服务器中设置 IP 地址 192.168.232.3 对应的端口号分别为 8088 和 8089。			
2	创建主目录/var/www/html/web1 和/var/www/html/web2。 [root@master html]# mkdir /var/www/html/web1 [root@master html]# mkdir /var/www/html/web2			
3	创建默认首页文件 index.html。 [root@master html]# cd /var/www/html/web1 [root@master web1]# echo "\<h1\>This is 8088's websit.\</h1\>"\>\>index.html [root@master web1]# cd /var/www/html/web2 [root@master web2]# echo "\<h1\>This is 8089's websit.\</h1\>"\>\>index.html			
4	修改主配置文件 httpd.conf，添加如下内容。 Listen 8088 Listen 8089 \<VirtualHost 192.168.232.3:8088\> ServerAdmin root@localhost DocumentRoot /var/www/html/web1 DirectoryIndex index.html #ServerName www1.sales.com ErrorLog " /var/logs/web1_error_log" \</VirtualHost\> \<VirtualHost 192.168.232.3:8089\> ServerAdmin root@localhost DocumentRoot /var/www/html/web2 DirectoryIndex index.html #ServerName www2.sales.com ErrorLog " /var/logs/web2__error_log" \</VirtualHost\>	注意事项 1： 目录/var/www/html/web1、/var/www/html/web2、/var/logs/web1_error_log、/var/logs/web2_error_log 和文件 index.html 运行前需要手动创建。 注意事项 2： 默认的端口号为 80。 Listen 80。 需要删除 80 端口号或者直接修改为所需的端口号。		
5	重启 httpd 服务。 [root@master web2]# systemctl restart httpd.service			

学习情境九　配置与管理 Web 服务器

续表

序　号	实施的具体步骤	注 意 事 项	学 生 自 评
6	测试。 　　在 Linux 系统的计算机 Web 浏览器地址栏中输入 http://192.168.232.3：8088，运行结果如下。 This is 8088's websit. 　　输入 http://192.168.232.3：8089，运行结果如下。 This is 8089's websit.		

实施说明：				

实施的评价	班　　级		第　　组	组长签字	
	教师签字		日　　期		
	评语：			

211

5. 配置基于端口号的虚拟主机的检查单

学习情境九	配置与管理 Web 服务器		学 时	6 学时
典型工作过程描述	1. Web 服务器概述—2. 安装与测试 Apache 服务器—3. 配置虚拟目录—4. 配置基于 IP 地址的虚拟主机—5. 配置基于域名的虚拟主机—**6. 配置基于端口号的虚拟主机**			
序 号	检查项目 （具体步骤的检查）	检 查 标 准	小组自查 （检查是否完成以下步骤，完成打√，没完成打×）	小组互查 （检查是否完成以下步骤，完成打√，没完成打×）
1	基于端口号的虚拟主机。	1. 基于端口号的虚拟主机配置成功。 2. 掌握基于端口号的虚拟主机的测试方法。		

	班 级		第 组	组长签字	
检查的评价	教师签字		日 期		
	评语：				

212

6. 配置基于端口号的虚拟主机的评价单

学习情境九	配置与管理 Web 服务器	学　时	6 学时
典型工作过程描述	1. Web 服务器概述—2. 安装与测试 Apache 服务器—3. 配置虚拟目录—4. 配置基于 IP 地址的虚拟主机—5. 配置基于域名的虚拟主机—**6. 配置基于端口号的虚拟主机。**			
评 价 项 目	评 分 维 度	组 长 评 分	教 师 评 价
小组 1 配置基于端口号的虚拟主机的阶段性结果	1. 成功配置基于端口号的虚拟主机。 2. 掌握基于端口号的虚拟主机的测试方法。		
小组 2 配置基于端口号的虚拟主机的阶段性结果	1. 成功配置基于端口号的虚拟主机。 2. 掌握基于端口号的虚拟主机的测试方法。		
小组 3 配置基于端口号的虚拟主机的阶段性结果	1. 成功配置基于端口号的虚拟主机。 2. 掌握基于端口号的虚拟主机的测试方法。		
小组 4 配置基于端口号的虚拟主机的阶段性结果	1. 成功配置基于端口号的虚拟主机。 2. 掌握基于端口号的虚拟主机的测试方法。		
评价的评价	班　　级		第　　组	组长签字	
^	教师签字		日　　期		
^	评语：			

学习情境十　配置与管理 vsftpd 服务器

客户需求单

客户需求
客户将计算机联网的首要目的就是获取资料,而文件传输是一种非常重要的获取资料的方式。互联网是由不同型号、不同架构的物理设备共同组成的。为了能够在如此复杂多样的设备之间解决文件传输问题,文件传输协议（FTP）应运而生。

学习性工作任务单

学习情境十	配置与管理 vsftpd 服务器	学　　时	3 学时
典型工作过程描述	1. 文件传输协议—2. vsftpd 服务器程序—3. 简单文件传输协议		
学习目标	**1. FTP 的工作模式。** 　　（1）FTP 服务器主动向客户端发起连接请求。 　　（2）FTP 服务器等待客户端发起连接请求（FTP 的默认工作模式）。 **2. 安装 vsftpd 服务器。** 　　（1）配置 yum 源仓库。 　　（2）关闭防火墙和 SE Linux。 　　（3）安装 vsftpd 服务器。 **3. 登录 vsftpd 的三种认证模式。** 　　（1）匿名开放模式：是一种最不安全的认证模式,任何人都可以无须密码验证而直接登录到 FTP 服务器。 　　（2）本地用户模式：是通过 Linux 系统本地的账户密码信息进行认证的模式,相较于匿名开放模式更安全,而且配置起来也更简单。 　　（3）虚拟用户模式：是这三种模式中最安全的一种认证模式,它需要为 FTP 服务器单独建立用户数据库文件。		
任务描述	**1. 配置 yum 源仓库：** 　[Centos] 　name= Centos 　baseurl=file:///opt/ Centos 　enabled=1 　gpgcheck=0 **2. 关闭防火墙：** 　[root@ Linuxprobe ~]# iptables —F [root@ Linuxprobe ~]# service iptables save iptables: Saving firewall rules to /etc/sysconfig/iptables:[OK]		

任务描述	3. 安装服务： [root@ Linuxprobe ~]# yum install vsftpd 4. 不同用户访问模式访问 vsftpd 服务器： [root@ Linuxprobe ~]# vim /etc/vsftpd/vsftpd.conf 1 anonymous_enable=YES 2 anon_umask=022 3 anon_upload_enable=YES 4 anon_mkdir_write_enable=YES 5 anon_other_write_enable=YE					
学时安排	资讯 0.2 学时	计划 0.2 学时	决策 0.2 学时	实施 2 学时	检查 0.2 学时	评价 0.2 学时
对学生的要求	1. 理解文件传输协议：第一，学生查看《客户需求单》，能读懂客户需求；第二，填写检验单时，要具有一丝不苟的精神，对技术要求等认真查看填写。 2. 配置 yum 源仓库并安装 vsftpd 服务器：第一，上传镜像；第二，挂载镜像；第三，编写 yum 源文件；第四，验证 yum 源仓库是否正常；第五，安装 vsftpd 服务器；第六，关闭防火墙。 3. 服务测试：能够在 Linux 客户端通过 vsftpd 服务器进行文件传输与共享。					
参考资料	1. 程宁，吴丽萍，王兴宇. Linux 服务器搭建与管理[M]. 上海：上海交通大学出版社，2018。 2. Linux 服务器搭建与管理相关书籍，CSDN 论坛。					
教学和学习 方式和流程	典型工作环节	教学和学习的方式				
^^	1. 文件传输协议	资讯	计划	决策	实施	检查	评价
^^	2.vsftpd 服务程序	资讯	计划	决策	实施	检查	评价
^^	3. 简单文件传输协议	资讯	计划	决策	实施	检查	评价

材料工具清单

学习情境十		配置与管理 vsftpd 服务器			学　　时		3 学时	
典型工作过程描述		1.文件传输协议—2.vsftpd 服务器程序—3. 简单文件传输协议						
典型 工作过程	序号	名　称	作用	数量	型号	使用量	使用者
1. 文件传输 协议	1	VMware 软件	上课	1		1	学生
^^	2	CentOS 7 系统	填表	1		1	学生
2.vsftpd 服务 器程序	3	CentOS 7 系统	上课	1		1	学生
3. 简单文件 传输协议	4	CentOS 7 系统	上课	1		1	学生
^^	5	Windows 系统	上课	1		1	学生
班　级		第　　组			组长签字		
教师签字		日　　期					

任务一 文件传输协议

1. 文件传输协议的资讯单

学习情境十	配置与管理 vsftpd 服务器	学 时	3 学时
典型工作过程描述	1. 文件传输协议—2. vsftpd 服务器程序—3. 简单文件传输协议		
收集资讯的方式	1. 查看《客户需求单》。 2. 查看教师提供的《学习性工作任务单》。 3. 查看 Linux 服务器搭建与管理相关书籍。		
资讯描述	**1. 设备配置。** 根据《客户需求单》，打开电脑中的 VMware Workstation Pro 工具，并在该工具中打开____台 Linux 系统，一台作为 vsftpd 服务器，一台作为客户机。 **2. 文件传输协议。** FTP 是一种在互联网中进行文件传输的协议，基于客户端/服务器模式，默认使用 20、21 号端口，其中 20 号端口（数据端口）用于进行数据传输，21 号端口（命令端口）用于接收客户端发出的相关 FTP 命令与参数。 **3. FTP 服务器的工作模式。** （1）FTP 服务器主动向客户端发起连接请求。 （2）FTP 服务器等待客户端发起连接请求（FTP 的默认工作模式）。		
对学生的要求	1. 学会查看《客户需求单》。 2. 理解文件传输协议原理。 3. 理解 FTP 的工作模式。		
参考资料	1. 程宁，吴丽萍，王兴宇. Linux 服务器搭建与管理[M]. 上海：上海交通大学出版社，2018。 2. Linux 服务器搭建与管理相关书籍，CSDN 论坛。		
资讯的评价	班 级		第 组	组长签字	
	教师签字		日 期		
	评语：				

2. 文件传输协议的计划单

学习情境十	配置与管理 vsftpd 服务器	学 时	3 学时
典型工作过程描述	**1. 文件传输协议**—2. vsftpd 服务器程序—3. 简单文件传输协议		
计划制订的方式	1. 查看《客户需求单》。 2. 查看《学习性工作任务单》。 3. 小组讨论。		

序 号	具体工作步骤	注 意 事 项
1	文件传输协议。	
2	主动模式。	FTP 服务器主动向客户端发起连接请求。
3	被动模式。	FTP 服务器等待客户端发起连接请求（FTP 的默认工作模式）。

计划的评价	班 级		第 组		组长签字	
	教师签字		日 期			
	评语：					

217

3. 文件传输协议的决策单

学习情境十	配置与管理 vsftpd 服务器	学　时	3 学时
典型工作过程描述	1. 文件传输协议—2. vsftpd 服务器程序—3. 简单文件传输协议		
序　号	以下哪些是对"1. 文件传输协议"这个典型工作环节的正确描述？		正确与否（正确打√,错误打×）
1	FTP 默认使用 20、21 号端口，其中 20 号端口（数据端口）用于进行数据传输，21 号端口（命令端口）用于接收客户端发出的相关 FTP 命令与参数。		
2	FTP 服务器向客户端发起连接请求属于被动模式。		
3	FTP 服务器等待客户端发起连接请求（FTP 的默认工作模式）属于主动模式。		
决策的评价	班　级		第　组	组长签字	
^	教师签字		日　期		
^	评语：				

4. 文件传输协议的实施单

学习情境十	配置与管理 vsftpd 服务器	学　　时	3 学时
典型工作过程描述	**1.**文件传输协议—2. vsftpd 服务器程序—3. 简单文件传输协议			
序　号	实施的具体步骤	注　意　事　项	学 生 自 评
1	理解文件传输协议。		
2	理解 vsftpd 服务器的两种工作模式。	主动模式和被动模式的区别。	
3	配置 yum 源仓库。	不要忘记镜像的挂载。	
4	安装 vsftpd 服务器。	记住 vsftpd 服务器的配置文件所在路径。	

实施说明：

1. 查看《客户需求单》后，打开电脑中的 VMware Workstation Pro 工具。
2. 打开 CentOS 7 系统前，在虚拟机设置中对 CD/DVD 进行设置，选择使用 ISO 映像文件。
3. 通过小组讨论，填写决策单。
4. 安装并启动 vsftpd 服务器。
5. 设置 vsftpd 服务器为"开机自动启动"的命令：_____。

	班　级		第　　组	组长签字	
	教师签字		日　　期		
实施的评价	评语：				

Linux 系统管理与服务

5. 文件传输协议的检查单

学习情境十	配置与管理 vsftpd 服务器		学　时	3 学时
典型工作过程描述	**1.** 文件传输协议—2. vsftpd 服务器程序—3. 简单文件传输协议			
序　号	检查项目 （具体步骤的检查）	检查标准	小组自查 （检查是否完成以下步骤，完成打√，没完成打×）	小组互查 （检查是否完成以下步骤，完成打√，没完成打×）
1	文件传输协议。	描述出文件传输协议的工作原理。		
2	配置 yum 源仓库。	验证源的正确输出。		
3	vsftpd 服务器的主动工作模式和被动工作模式。	两种工作模式的区别。		
4	安装 vsftpd 服务器。	能够使用命令启动 vsftpd 服务器。		
检查的评价	班　级		第　组	组长签字
	教师签字		日　期	
	评语：			

220

6. 文件传输协议的评价单

学习情境十	配置与管理 vsftpd 服务器	学　　时	3 学时
典型工作过程描述	1. 文件传输协议—2. vsftpd 服务器程序—3. 简单文件传输协议		
评 价 项 目	评 分 维 度	组 长 评 分	教 师 评 价
小组 1 文件传输协议的阶段性结果	合理、完整、高效		
小组 2 文件传输协议的阶段性结果	合理、完整、高效		
小组 3 文件传输协议的阶段性结果	合理、完整、高效		
小组 4 文件传输协议的阶段性结果	合理、完整、高效		
评价的评价	班　　级		第　　组	组长签字	
:::	教师签字		日　　期		
:::	评语：			

221

任务二　vsftpd 服务器程序

1. vsftpd 服务器程序的资讯单

学习情境十	配置与管理 vsftpd 服务器	学　时	3 学时
典型工作过程描述	1.文件传输协议—**2. vsftpd 服务器程序**—3.简单文件传输协议		
收集资讯的方式	1. 客户提供的《客户需求单》。 2. 教师提供的《学习性工作任务单》。 3. 观察教师示范。		
资讯描述	1. 熟悉 vsftpd 服务器程序的主配置文件（/etc/vsftpd/vsftpd.conf）。 2. 熟悉 vsftpd 服务器程序主配置文件中常用的参数及其作用。 3. 掌握用户以三种认证模式登录到 FTP 服务器。		
对学生的要求	1. 熟悉 vsftpd 服务器的配置文件。 2. 掌握匿名开放模式的权限。 3. 掌握本地用户模式的权限。 4. 掌握虚拟用户模式的权限。 5. 理解三种用户权限的区别。		
参考资料	1. 程宁，吴丽萍，王兴宇.Linux 服务器搭建与管理[M]. 上海：上海交通大学出版社，2018。 2. Linux 服务器搭建与管理相关书籍，CSDN 论坛。		
资讯的评价	班　级　　　　　　　　　　第　组　　组长签字 教师签字　　　　　　　　　日　期 评语：		

222

2. vsftpd 服务器程序的计划单

学习情境十		配置与管理 vsftpd 服务器		学　时	3 学时
典型工作过程描述		1.文件传输协议—**2. vsftpd 服务器程序**—3.简单文件传输协议			
计划制订的方式		1. 查看《客户需求单》。 2. 查看《学习性工作任务单》。			
序　号	具体工作步骤		注　意　事　项		
1	匿名开放模式的权限。				
2	本地用户模式的权限。		相较于匿名开放模式，本地用户模式要更安全，而且配置起来更简单。		
3	虚拟用户模式的权限。				
计划的评价	班　级		第　　组	组长签字	
^	教师签字		日　　期		
^	评语：				

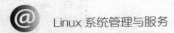

3. vsftpd 服务器程序的决策单

学习情境十	配置与管理 vsftpd 服务器	学　时	3 学时
典型工作过程描述	1.文件传输协议—**2. vsftpd 服务器程序**—3. 简单文件传输协议		

序　号	以下哪个是对"2. vsftpd 服务器程序"这个典型工作环节的正确描述？	正确与否（正确打√，错误打×）
1	匿名开放模式是一种最不安全的认证模式，任何人都可以无须密码验证而直接登录到 FTP 服务器。	
2	本地用户模式是通过 Linux 系统本地的账户密码信息进行认证的模式，相较于匿名开放模式更安全，而且配置起来更简单。	
3	虚拟用户模式是所有模式中最安全的一种认证模式，它需要为 FTP 服务器单独建立用户数据库文件。	

决策的评价	班　级		第　组		组长签字	
	教师签字		日　期			
	评语：					

4. vsftpd 服务器程序的实施单

学习情境十		配置与管理 vsftpd 服务器		学　时	3 学时
典型工作过程描述		1. 文件传输协议—**2. vsftpd 服务器程序**—3. 简单文件传输协议			
序　号		实施的具体步骤	注 意 事 项		学 生 自 评
1		vsftpd 服务器程序默认开启匿名开放模式。			
2		在 vsftpd 服务器程序的主配置文件中正确填写参数，然后保存并退出。	分别修改三种用户登录的权限。		
3		在配置完成后，使用不同用户模式尝试登录 FTP 服务器，分别执行文件的创建、重命名及删除等命令。			
实施说明： **1. 匿名开放模式。** [root@ Linuxprobe ~]# vim /etc/vsftpd/vsftpd.conf 1 anonymous_enable=YES 2 anon_umask=022 3 anon_upload_enable=YES 4 anon_mkdir_write_enable=YES 5 anon_other_write_enable=YES **2. 本地用户模式。** [root@ Linuxprobe ~]# vim /etc/vsftpd/vsftpd.conf 1 anonymous_enable=NO 2 local_enable=YES 3 write_enable=YES 4 local_umask=022 **3. 虚拟用户模式。** [root@ Linuxprobe ~]# cd /etc/vsftpd/ [root@ Linuxprobe vsftpd]# vim vuser.list zhangsan redhat lisi redha					
实施的评价	班　级		第　组	组长签字	
	教师签字		日　期		
	评语：				

Linux 系统管理与服务

5. vsftpd 服务器程序的检查单

学习情境十	配置与管理 vsftpd 服务器	学 时	3 学时
典型工作过程描述	1.文件传输协议—**2. vsftpd 服务器程序**—3. 简单文件传输协议		
序号	检查项目 （具体步骤的检查）	检 查 标 准	小组自查 （检查是否完成以下步骤，完成打✓，没完成打×）	小组互查 （检查是否完成以下步骤，完成打✓，没完成打×）
1	匿名开放模式。	能正常登录。		
2	本地用户模式。	能正常登录。		
3	虚拟用户模式。	能正常登录。		

	班 级		第 组	组长签字	
	教师签字		日 期		
检查的评价	评语：				

226

学习情境十　配置与管理 vsftpd 服务器

6. vsftpd 服务器程序的评价单

学习情境十	配置与管理 vsftpd 服务器	学　　时	3 学时
典型工作过程描述	1. 文件传输协议—**2. vsftpd 服务器程序**—3. 简单文件传输协议		
评价项目	评 分 维 度	组 长 评 分	教 师 评 价
小组 1 vsftpd 服务器程序的阶段性结果	合理、完整、高效		
小组 2 vsftpd 服务器程序的阶段性结果	合理、完整、高效		
小组 3 vsftpd 服务器程序的阶段性结果	合理、完整、高效		
小组 4 vsftpd 服务器程序的阶段性结果	合理、完整、高效		
评价的评价	班　级： 　　　　　　　第　组　　　组长签字： 教师签字：　　　　　　日　期： 评语：		

227

任务三 简单文件传输协议

1. 简单文件传输协议的资讯单

学习情境十	配置与管理 vsftpd 服务器	学 时	3 学时
典型工作过程描述	1.文件传输协议—2. vsftpd 服务器程序—3. 简单文件传输协议		
收集资讯的方式	1. 查看《客户需求单》。 2. 查看教师提供的《学习性工作任务单》。		
资讯描述	1. 在系统上安装 TFTP 服务器。 2. 要在 xinetd 服务程序中将 TFTP 服务器开启,把默认的禁用(disable)参数修改为 no。 3. 重启 xinetd 服务程序并将它添加到系统的开机自动启动项中,以确保 TFTP 服务器在系统重启后依然处于运行状态。		
对学生的要求	1. 会安装 TFTP 服务器。 2. 了解 TFTP 协议与 FTP 协议有什么不同。 3. 使用 tftp 命令尝试访问其中的文件,亲身体验 TFTP 服务器的文件传输过程。		
参考资料	1. 程宁,吴丽萍,王兴宇. Linux 服务器搭建与管理[M]. 上海:上海交通大学出版社,2018。 2. Linux 服务器搭建与管理相关书籍,CSDN 论坛。		
资讯的评价	班 级		第 组	组长签字	
	教师签字		日 期		
	评语:				

2. 简单文件传输协议的计划单

学习情境十	配置与管理 vsftpd 服务器	学 时	3 学时
典型工作过程描述	1. 文件传输协议—2. vsftpd 服务器程序—3. 简单文件传输协议		
计划制订的方式	1. 查看教师提供的教学资料。 2. 通过资料自行试操作。		
序 号	具体工作步骤	注 意 事 项	
1	了解 TFTP 协议与 FTP 协议有什么不同。		
2	安装 TFTP 服务器。		
	使用 tftp 命令尝试访问其中的文件。	有些系统的防火墙没有允许 UDP 协议的 69 端口,因此需要手动将该端口号加入防火墙的允许策略中。	
计划的评价	班 级		第 组	组长签字	
	教师签字		日 期		
	评语:				

229

3. 简单文件传输协议的决策单

学习情境十	配置与管理 vsftpd 服务器	学 时	3 学时
典型工作过程描述	1. 文件传输协议—2. vsftpd 服务器程序—**3. 简单文件传输协议**		
序 号	以下哪个是对"3. 简单文件传输协议"这个典型工作环节的正确描述？	正确与否（正确打√，错误打×）	
1	TFTP 协议在传输文件时采用的是 UDP 协议，占用的端口号为 69，因此文件的传输过程也没有 FTP 协议那样可靠。		
2	简单文件传输协议提供不复杂、开销不大的文件传输服务（可将其当作 FTP 协议的简化版本）。		
决策的评价	班 级		第 组	组长签字
	教师签字		日 期	
	评语：			

4. 简单文件传输协议的实施单

学习情境十	配置与管理 vsftpd 服务器	学 时	3 学时
典型工作过程描述	1. 文件传输协议—2. vsftpd 服务器程序—3. 简单文件传输协议		
序 号	实施的具体步骤	注 意 事 项	学 生 自 评
1	安装 TFTP 服务器。	在安装 TFTP 服务器后，还需要在 xinetd 服务程序中将其开启，把默认的禁用（disable）参数修改为 no。	
2	在 xinetd 服务程序中将 TFTP 服务器开启。	有些系统防火墙没有允许 UDP 协议的 69 端口，因此需要手动将该端口号加入防火墙的允许策略中。	
3	使用 tftp 命令尝试访问文件。		

实施说明：

1. 安装 TFTP 服务器。

[root@ Linuxprobe ~]# yum install tftp-server tftp

2. 在 xinetd 服务程序中将 TFTP 服务器开启。

[root@ Linuxprobe ~.d]# vim /etc/xinetd.d/tftp service tftp

[root@ Linuxprobe ~]# systemctl restart xinetd

[root@ Linuxprobe ~]# systemctl enable xinetd

[root@ Linuxprobe ~]# firewall-cmd --permanent --add-port=69/udp success

[root@ Linuxprobe ~]# firewall-cmd --reload success

3. 使用 tftp 命令尝试访问文件。

[root@ Linuxprobe ~]# echo "i love   Linux" > /var/lib/tftpboot/readme.txt

[root@ Linuxprobe ~]# tftp 192.168.10.10

实施的评价	班　级		第　组		组长签字	
	教师签字		日　期			
	评语：					

5. 简单文件传输协议的检查单

学习情境十		配置与管理 vsftpd 服务器		学　时	3 学时
典型工作过程描述		1. 文件传输协议—2. vsftpd 服务器程序—3. 简单文件传输协议			
序　号	检查项目 （具体步骤的检查）	检 查 标 准		小组自查 （检查是否完成以下步骤，完成打√，没完成打×）	小组互查 （检查是否完成以下步骤，完成打√，没完成打×）
1	安装 TFTP 服务器。	安装正确。			
2	使用 tftp 命令访问文件。	指定文件传输到指定目录。			
检查的评价	班　级		第　组	组长签字	
	教师签字		日　期		
	评语：				

232

6. 简单文件传输协议的评价单

学习情境十	配置与管理 vsftpd 服务器	学 时	3 学时
典型工作过程描述	1. 文件传输协议—2. vsftpd 服务器程序—3. 简单文件传输协议		
评 价 项 目	评 分 维 度	组 长 评 分	教 师 评 价
小组 1 简单文件传输协议的阶段性结果	美观、时效、完整		
小组 2 简单文件传输协议的阶段性结果	美观、时效、完整		
小组 3 简单文件传输协议的阶段性结果	美观、时效、完整		
小组 4 简单文件传输协议的阶段性结果	美观、时效、完整		
评价的评价	班　　级		第　　组	组长签字	
^	教师签字		日　　期		
^	评语:			

参 考 文 献

[1] 程宁，吴丽萍，王兴宇. Linux 服务器搭建与管理[M]. 上海：上海交通大学出版社，2018.

[2] 姜大源. 职业教育要义[M]. 北京：北京师范大学出版社，2017.

[3] 姜大源. 职业教育学研究新论[M]. 北京：教育科学出版社，2007.

[4] 闫智勇，吴全全. 现代职业教育体系建设目标研究[M]. 重庆：重庆大学出版社，2017.

[5] 闫智勇，吴全全，蒲娇. 职业教育教师能力标准的国际比较研究[M]. 北京：中国致公出版社，2019.